寵物飼養 DIY

養鳥

寵物飼養 DIY

養鳥

大衛・阿德頓著

貓頭鷹出版社

《寵物飼養DIY---養鳥》

出版者 貓頭鷹出版社股份有限公司

臺北縣新店市中興路三段134號3樓之一

編輯部 臺北縣新店市中興路三段134號3樓之一

行政院新聞局出版事業登記證：

局版臺業字第5248號

發行人 郭重興

翻譯著作權 貓頭鷹出版社股份有限公司

翻譯者 丁長青 李紅

主編 江秋玲

責任編輯 陳瑪琍 江嘉瑩

編輯協力 林竹筠 楊惠晴

封面設計 郭記如

電腦排版 生產財設計股份有限公司

印製 香港百樂門印刷有限公司

初版 中華民國八十五年七月

讀者服務專線 （02）916-1454

劃撥帳戶 貓頭鷹出版社股份有限公司

劃撥帳號 16673002

有著作權 翻印必究

ISBN 957-8686-90-0

目錄

雌喋喋吸蜜鸚鵡

第一章

進入鳥的世界

黑頭紅金翅
1920年代的鳥類繁殖計劃，利用這種
稀有的南美雀培育出現代紅色金絲雀（上圖）。

倫敦金絲雀
英國維多利亞時代，倫敦非常受歡迎的一種金絲雀，
但已在20世紀初絕種了（左圖）。

養鳥

養鳥是樂事，不管是養隻美麗的寵物鳥在屋裡作伴，或是在花園裡修建一座鳥舍，使五顏六色的鳥兒有個優游自在的小天地，既使環境得到美化，又能怡情養性，何樂而不為！

給愛鳥人

書中介紹的都是容易飼養且繁殖力強的鳥種，但飼養人仍須依飼養的種類，儘量為鳥兒提供舒適的環境。舉例來說，原產於熱帶和亞熱帶的鸚鵡一旦適應了戶外生活就能長得很健壯，但小型雀類可就難以適應溫帶地區的冬季了，所以除非鳥舍裡有取暖設備，否則一定得將牠們安置室內；有些嗓雀類原產於在攝氏0℃以下的高海拔地區，在寒冬裡不須要特別保溫也能過冬，偶爾讓這種鳥兒曬曬太陽可以延長牠們的進食期，對健康會很有幫助。

玩賞鳥

玩賞鳥的羽色各有千秋，身體的各個部位都有其特徵，其中的某幾項特徵可能最能突顯與其他鳥種的不同，如何觀賞、識別這些鳥自有一定的標準，本節先以圖文並茂的方式大略描繪出各種鳥在的外形上的特徵，讀者可以此為根據，找出某種鳥與其他鳥在形態上的差異。

學舌的天才
非洲灰鸚鵡是人們珍愛的寵物，幾世紀以來一直廣為大眾所飼養。

數量最多的鳥
非洲的紅嘴織布鳥的數量多達100億隻，是全世界最多的鳥類。

　　金絲雀和虎皮鸚鵡是最常見的兩種玩賞鳥，斑胸草雀和十姐妹也十分常見。各國的養鳥俱樂部和養鳥協會，通常會定期舉辦小型展覽，而一些大規模的全國性和國際性活動，也會在養鳥雜誌上預作廣告，這些活動為養鳥人提供認識志同道合伙伴的絕佳機會，養鳥人常能在此締結新的「人緣」和「鳥緣」。

玩賞鳥的原產地

許多雀鳥都原產於亞、非兩洲，鳥類在這些地區常被視為危害農作的鳥，人們為使危害減到最低，不得不採取各種手段消滅害鳥，這些行為不但污染了環境，也使許多無害的鳥類同時遭殃；出口某些鳥類也是減少害鳥的一種辦法，所得的收入還可用來補償因害鳥所造成的經濟損失，但是與被消滅的鳥類數量比起來，能幸運的被出口到外國作為玩賞鳥的鳥類數量，畢竟微乎其微。

　　飼主(aviculture)專指一些飼養繁殖尚未完全馴化的鳥類的業者和專家，而那些純綷只是為了玩賞的目的而養鳥的人，稱之為飼鳥人或養鳥迷最合適不過了，養鳥迷一詞源於維多利亞時代的「fancy」，當時指那些喜歡栽種植物和飼養家畜、家禽的人，這些活動在當時可是非常時髦的嗜好呢！

　　人們常把金絲雀與礦區聯想在一起，從而產生了「約克郡鳥迷」這樣的稱呼。早期的歐洲礦工常把金絲雀帶到礦坑裡，利用金絲雀檢測地下礦井中的有毒氣體，因為在礦坑缺氧時，金絲雀會馬上昏厥，礦工看到金絲雀的反應就會趕快逃離險境，當然了，他們會再用自己攜帶的氧氣，使這些堪稱「無價之寶」的鳥甦醒過來。

資金投入

各種鳥的價格相差很大，通常雀類比較便宜，人工飼養的鸚鵡則貴得多，而價格正是飼養幼鳥所花費的心血的直接反映。

然而花錢購買人工飼養鸚鵡的投資報酬率是很高的，養鳥人可獲得一位終生的伴侶，因為大多數的大型鳥類壽命都與人類相當，但因為在野外常遭遇危險，使得鳥類很難達到自然壽命，不過寵物鸚鵡卻能活到100歲，即使是雞尾鸚鵡之類的小型鳥也能健康的存活20年，而且在存活期內，大都保有繁殖力。據稱一隻雄鸚鵡曾繁殖直至18歲；虎皮鸚鵡的壽命比其他鸚鵡短得多，平均壽命約為7年，但也有虎皮鸚鵡活了20年，一隻壽命最長的虎皮鸚鵡活了29年，牠於1977年死於倫敦。

維多利亞時代的鳥迷 鑒賞家正在對一隻蘇格蘭金絲雀品頭論足，這種鳥在當時深受人們的喜愛。

救命鳥 金絲雀與礦工關係密切，礦區內普遍養有金絲雀。

鳥的進口

國際上對鳥的流通有嚴格的調控制度。在瀕危物種國際貿易公約（CITES）的限制下，許多鳥種的進出口都要經過各國有關部門特許，並對進出口的鳥實行強制性檢疫。

通過檢疫的進口鳥大多能得到飼養人很好的照料。1990年英國進行全國性的普查表明前一年進口鳥的死亡率為7%，而野外雀類的年死亡率超過80%，這個調查結果表示籠鳥大多能受到良好的照顧。

鸚鵡是最普遍的進口鳥，牠們有可愛的天性、美麗的羽色以及容易馴化等特點，倍受養鳥人的青睞。許多人飼養牠們不僅是為了作伴，還為了使牠們繁殖後代，在加勒比海的島嶼上分布著好幾種當地特產的亞馬遜鸚哥，雖然受到法律規定嚴密保護，仍不斷面臨不法捕獵者的威脅，由於有些種群的數量已在百隻以下，因此必需盡可能讓牠們發揮繁殖潛能來繁衍，目前鳥類保育的專家已經嘗試把一些繁殖普通鳥類的技術，應用在那些命運難卜的野生鳥類上。當這些雌鳥產下一窩卵後，人們便利用取出巢中所有的卵來刺激雌鳥再度產卵，第一窩卵由人工孵化、育雛，而雌鳥仍留在巢內孵化第二窩卵，在自然狀態下，鸚鵡通常產下卵後就進行孵化，所以每年僅產一窩卵，甚至更少。

人工養鳥對於挽救瀕危鳥種非常有幫助，把飼養的鳥類重新放回大自然很可能是未來的一項尖端技術，當然，大自然是否能提供足夠的棲息環境，就該由環境學家們來費心了。

瀕危鳥種 *加勒比海的鸚鵡未來的存亡將和籠養繁殖成功與否關係密切，下圖是稀有的聖文森特亞馬遜鸚哥。*

養鳥溯源

把養鳥當作消遣可追溯至4000多年以前，許多不同的古代文獻都有各式各樣的養鳥籠記載，尼羅河流域的人們採用長方形鳥籠，而居住在印度河畔及遠東的人偏愛圓形鳥籠；埃及早期的象形文字描繪了許多鳥的形狀，其中包括鴿子、鸚鵡、朱鷺和鴨子，這些奇特的動物圖騰一直被保存到現代。

古代養鳥業

各國因國情不同而流行的寵物鳥，通常與牠們的原產國一起歷經了數千年的歲月，例如在古代印度，大凡盛大的節日，人們就把八哥放在木筏上公開展覽，或由牛牽引著穿街過巷，這種鳥也就是後來在古希臘盛行的「神聖八哥」，在希臘，養鳥業已盛行了2000多年。

孔雀因其美麗的羽衣而成為價格最昂貴的鳥，金翅雀是一般人家常飼養鳴禽，寒鴉是歐洲孩童的寵物鳥，他們把寒鴉養在花園裡，剪掉寒鴉幼鳥的飛羽，當飛羽再度長出時，成年寒鴉已很馴服，不會再飛走了。在古代藝術中，鳥類也常是主角。生活在公元前400年的古希臘劇作家亞里斯多得在作品中常提到金翅雀之類的鳥，現代流行的公主鸚鵡(亞歷山大鸚鵡)，名字取自於亞歷山大大帝，據說在公元前327年亞歷山大大帝的軍隊從進攻印度之戰返

金絲雀
17世紀的畫作

回家園時，將官們便將公主鸚鵡及一些同類的鳥帶回歐洲。

會說話的鳥

古希臘人早已知道鳥具有模仿人語的能力，但當時只飼養烏鴉、寒鴉和八哥來訓練，在亞歷山大大帝入侵印度之前，鸚鵡只被印度人飼養著，不過早在公元前15世紀初，阿塔澤西斯國王的私人醫生兼宮廷博士就根據印度商人的描述記下這種「會說話」的鳥，所以當鸚鵡一到希臘，立刻身價倍增，被安置在象牙裝飾的精美籠子裡。

到了羅馬時代，王公貴族雇用專門奴隸來照料鸚鵡並訓練牠們向人問好、打招呼。公元1世紀時曾有鸚鵡訓練方法的著作出現，人們把鸚鵡單獨關在黑漆漆的屋子裡，訓練牠們集中注意力，由於專心，鸚鵡很快就學會了單字和不同的短語。在泰伯里爾斯

馴服的歌唱家
這幅由卡里爾‧薩巴巴里提爾斯（1624-1654年）所畫的金翅雀圖，證實了寵物鳥在數百年前就已流行於歐洲。

皇帝統治時代（公元14-37年），一隻由補鞋匠飼養的鸚鵡竟能背誦皇帝及王子的名字，後來這隻鸚鵡被嫉妒補鞋匠的鄰居所殺，補鞋匠的朋友為了替鸚鵡報仇，把殺鸚鵡的鄰居私刑處死，許多人還參加了鸚鵡的葬禮哀悼牠。在那個時代，鸚鵡還被放在理髮店裡展覽，供顧客娛樂。羅馬時代的德國金絲雀（Roller Canaries）是一種很受歡迎的鳴禽，羅馬人訓練他們啼唱出類似於金絲雀以及現代一些籠養鳴禽所唱出的特殊曲調。

歐洲的玩賞鳥

繼羅馬人後，歐洲很少與養鳥有關的記載，但很明顯的，養鳥業已在歐洲普及，鳥成為宮廷裡的時髦寵物，通常飼養在皇后的寢宮內。到了13世紀，外國進貢的鳥種進入歐洲，而且由於得到當時神聖羅馬帝國皇帝弗雷德里克二世（Frederick II the Holy Roman Emperor）的寵愛而身價倍增。

當哥倫布從發現新大陸的航行中凱旋歸來時，他為恩人──西班牙伊莎貝拉皇后帶回一對古巴亞馬遜鸚哥（*Amazona leucocephala*）。在16世紀，英格蘭的亨利三世在漢普頓宮飼養了一隻非洲灰鸚鵡，這隻鳥原先常在泰晤士河上對著船夫鳴叫，並模仿船夫要求乘客付船資的聲音。

直到15世紀，金絲雀（加那利島絲雀）才為歐洲人所熟知，這種美麗動人的鳴禽最初是由葡萄牙船員從加那利群島帶回歐洲的，當時許多時髦婦女的肖像上，都可見到一隻溫馴金絲雀停在婦人纖巧的手指上。

現代養鳥熱

自1580年起，加那利群島的農民們開始飼養土產的金絲雀出口。黃色金絲雀是從什麼時候開始出現的並沒有詳細的記載，但到了17世紀末，奧地利的許多地區都有這種鳥繁殖，在18世紀時奧地利的礦區紛紛關閉時，礦工帶著金絲雀來到德國的哈茲山區，金絲雀從那兒被賣往全國各地，並由濱海國家的港口運往英格蘭，那時的金絲雀被放在特別設計過的木籠出售，籠子的精緻度往往成為金絲雀身價的象徵。

到了18世紀，全歐洲都流行在咖啡屋內懸掛金絲雀籠，金絲雀動聽的囀鳴聲吸引了顧客，也刺激人們飼養寵物鳥的興趣，由金絲雀組成的綜藝團在歐洲各地巡迴，為酒館或飯店中的客人表演。

金絲雀不僅因其動人的歌喉聞名於世，牠們還能模仿人的聲音，到了維多利亞時代，人們對飼養金絲雀的興趣更濃了，現代飼養的許多品種都可追溯到那個時代，但也有許多當時飼養的品種現在已經不存在了，如倫敦金絲雀就是一例。

本世紀在金絲雀的品種改良上最大的成就是培育出紅色的金絲雀，這種因應1920年代對純種紅金絲雀的需求而發展出來的鳥兒，非常受到歡迎。

巴黎捲毛金絲雀
(*parisian frilled*)
現代的寵物鳥，外形頗為特別，捲曲的羽毛增添了幾分動人的魅力。

虎皮鸚鵡大行其道

虎皮鸚鵡的馴養史比金絲雀短得多，最先讓世人知道鸚鵡有模仿力的是一位被流放到澳洲的鍛工托馬斯‧瓦爾丁，他住在傑克遜港，養有一隻虎皮鸚鵡，有一天，托馬斯的老板吉姆‧懷特博士走進他家，鸚鵡向吉姆‧懷特問候道："懷特博士，你好嗎？"，懷特博士大為驚訝。

然而直到1840年博物學家約翰‧高爾德返回英格蘭，虎皮鸚鵡才真正揚名國外，高爾德帶回一對虎皮鸚鵡讓他的姐夫查爾斯‧柯森飼養，這對鸚鵡很快就繁殖出後代。不久之後，大批

的鸚鵡進入英國,並出現了大型的鸚鵡市集,到1850年代末期,虎皮鸚鵡的年進口量多達5萬隻。

隨著馴養技術的提高,不斷有新羽色的鸚鵡品種培育出來,1872年的比利時及1875年的德國,都曾培育出淡黃色的虎皮鸚鵡,各種新羽色品種的出現,更使養鳥和繁殖鳥的興趣有增無減。

養鳥的專業化

20世紀初期,許多已馴化的鳥經過好幾個月的漫長航期船運到歐洲;隨著第二次世界大戰後商品流通量與質的提高,養鳥人對養鳥的設備及飼料供給的要求也越講究,不過現在為一些名鳥提供可

虎皮鸚鵡 這幅畫取自1851-1869年高爾德所作的澳洲鳥類,這是最早描繪虎皮鸚鵡的作品之一。

維多利亞時代的愛好 這種富麗堂皇的木籠不僅用來養鳥,也用於養魚或園藝。

口的飼料已是件輕而易舉的事情了。養鳥業正朝著專業化的方向發展,人們也越來越把注意力集中在特殊的品種上。在美國,有許多專門的養鳥協會為養鳥者提供亞馬遜鸚鵡類及其他鳥種的飼養諮詢。這種潮流使養鳥人必須學習更多的養鳥專業知識。

鳥類身體結構

翼龍是早在鳥類出現之前就遨翔於天空的動物，翼展寬達12公尺；蝙蝠這種哺乳動物，雖然身體結構與鳥類不同，但也具有飛翔能力，而鳥類最大的特徵便是羽毛，這是其他任何飛行動物所沒有的。

始祖鳥

西元1861年，德國南部索爾霍芬一個石灰石採集場的工人，在劈開一塊礦石時，看到了最早的鳥的化石殘骸，於是人們開始對鳥的進化、發展有所了解，這隻被發現的化石動物上肢有羽毛，尾部有尾羽，和我們所了解的現代鳥類相同，在化石上還能清楚的看到牠的胸叉骨是由兩根鎖骨癒合而成的，這表示牠不僅是用雙翅滑翔還能拍翅飛行，此一特徵更證實此一化石與現代鳥類的關係。

「始祖鳥」的拉丁文意思是「古老的翅膀」，這種最早的鳥只有鴿子一般大小，牠的某些特徵與翼龍這種侏羅紀的小型獸腳類肉食性恐龍相似。始祖鳥也許並不是現代鳥類的唯一祖先，他們二者之間仍存有許多結構上的差異，而且這些差異並不能完全用演化來解釋，許多科學家認為在始祖鳥生活的時代，還有一些尚未為我們所了解的動物存在，現代的各種鳥類即是由那些未知的古生物進化而來。

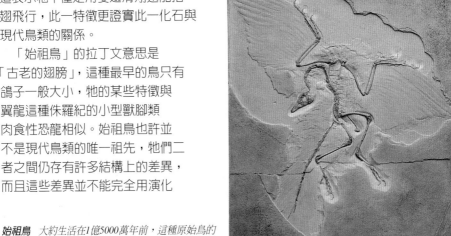

始祖鳥 *大約生活在1億5000萬年前，這種原始鳥的化石有許多特徵與現代鳥類相似。*

始祖鳥原貌 根據現有的資料模擬圖繪的始祖鳥。

　　根據研究始祖鳥骨骼結構的特點，科學家認為始祖鳥是一種食蟲動物，牠既能在地上跑，也能飛；到目前為止，全世界只有6個始祖鳥標本出土，這些化石標本大部分都是在北歐挖掘出來的，在西班牙也發現了一塊來源不明的羽毛化石，由化石顯示鳥類應該是起源於2億1300萬至1億4400萬年前的侏羅紀。

　　始祖鳥雙翅前緣都有3個銳爪，而現代鳥則沒有，但一種稱為「麝雉」（*Opisthocomus hoatzin*）的鳥身上仍保留此一特徵，這種鳥生活在亞馬遜叢林中，雛鳥孵出後，靠每隻翅膀前緣兩隻長成的小爪在樹木頂端移動，麝雉的飛羽比其他鳥類發育得慢，而且當飛羽長出後，就會把翼爪遮蓋起來。此外，始祖鳥有牙齒，這一特徵與現存的某些爬蟲類相似，但牙齒卻是任何一隻現代鳥所不具備的。

　　始祖鳥的腿很長，說明牠基本上是地棲生活動物，胸骨是現代鳥飛翔肌肉的固著點，也是現代鳥的典型特徵之一，但在始祖鳥的化石上並沒有胸骨發育的跡象。

有翼爪的鳥 雛麝雉用翅膀和腳上的銳爪爬到樹幹上。

骨骼構造

大多數鳥類都是因為有飛翔能力，才能在物種競爭激烈的地球上存活下來，為了飛翔，鳥的骨骼比哺乳動物要輕得多，也因此鳥的顱骨薄而易碎。在寵物鳥中，骨骼最脆弱的是澳大利亞海鸚和鵪鶉，澳大利亞海鸚常因飛得太快而撞在籠框上，而鵪鶉則常衝動的想拼全力垂直向上，飛離地面，而撞傷了顱骨。鳥沒有牙齒，也沒有與牙齒相連的頜，更減輕了頭部的重量。鳥的顱骨上另一個特徵是眼窩很大，視覺對於在高空飛翔的鳥來說至關重要，因此牠的眼睛相當大，有些鳥的虹膜是彩色的。

骨骼結構

鳥的脊柱比哺乳動物的變性更大，有些鳥的脊椎骨與肋骨癒合，脊椎骨與後腿骨的癒合更常見，這些癒合增強了骨骼的穩定性，使鳥在行走時身體重量能均勻沿軀體形成的長軸分布。

鳥的身體結構是向前傾的，但藉由骨盆周圍骨骼結構生長方式的調整而保持運動的順暢與靈巧；鳥的骨盆聯結方式與哺乳動物的一樣，股骨頂端的髖臼恰好固定在骨盆上，但鳥的股骨直接向前，並藉由肌肉的生長而能保持股骨的位置，並使股骨與軀幹緊密聯結，這樣一來，鳥的股骨可動的幅度就比人類和其他哺乳動物小的多，但後肢的中心卻離身體的重心較近，因此鳥類不會因為重心位置而造成飛行和行走困難。

鳥類的腿部能靈活運動，關鍵在於膝關節而不是後肢的上部。鳥類的膝關節相當人類的踝關節，是脛骨與跗蹠骨的匯合處，並向下延伸至

飛行肌

鳥的肩區由肩胛骨、喙骨和鎖骨組成，聯結處形成肩臼，與翼的肱骨相連，如此不但使飛行肌的附著面積增大，也使翅膀身體兩側的肩胛骨結合，增加了飛行的推進力；而鎖骨癒合成的V型叉骨，則可在鳥翅撲動時避免左右肩碰撞，並防止胸部受到擠壓。

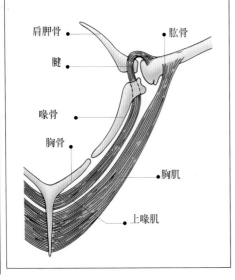

- 肩胛骨
- 肱骨
- 腱
- 喙骨
- 胸骨
- 胸肌
- 上喙肌

因為鳥的前肢僅僅用於運動，所以手指的高度特化消失了。事實上，只有第二指、第三指和第四指部分仍保留下來。這一特徵在始祖鳥化石上已清晰可見（見第16-17頁）。掌骨癒合，為初級飛羽提供了強有力的附著點。翅膀的骨骼結構穩定，但羽毛的形狀因飛行方式與飛行能力的不同而存在相當大的差異。胸腔由特別的肋骨結構而更加穩固。肋骨上具向後彎的鉤狀突起，使肋骨相連。這些結構有助於提供支持力量，在潛水鳥類中更是如此。

因為翅膀的外形堅固，不需要額外的強大肌肉來維持它的形狀，所以翅膀的效率提高。從翅膀骨骼橫截面上可看出翅骨是蜂窩狀結構，減輕了飛行中胸部肌肉所負荷的重量。附著在胸部龍骨突上的肌肉，約占鳥類體重的一半。

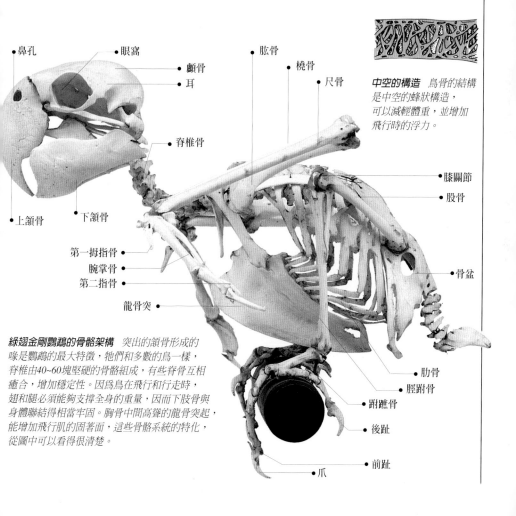

中空的構造 鳥骨的結構是中空的蜂狀構造，可以減輕體重，並增加飛行時的浮力。

鼻孔
眼窩
顱骨
耳
脊椎骨
上頜骨
下頜骨
第一拇指骨
腕掌骨
第二指骨
龍骨突

肱骨
橈骨
尺骨
膝關節
股骨
骨盆
肋骨
脛跗骨
跗蹠骨
後趾
前趾
爪

綠翅金剛鸚鵡的骨骼架構 突出的頜骨形成的喙是鸚鵡的最大特徵，他們和多數的鳥一樣，脊椎由40~60塊堅硬的骨骼組成，有些脊骨互相癒合，增加穩定性。因為鳥在飛行和行走時，翅和腿必須能夠支撐全身的重量，因而下肢骨與身體聯結得相當牢固。胸骨中間高聳的龍骨突起，能增加飛行肌的固著面，這些骨骼系統的特化，從圖中可以看得很清楚。

➤ 消化系統 ◆

如果不把特殊的種類考慮在內，鳥類消化道的基本結構是十分相似的。鳥用喙嗑開種子，吃其中的果仁，鳥還用喙把其他食物啄碎使食物容易吞下去。但是鴿類與其他食穀鳥不同，牠們不去掉種子的外殼，而是把種子連殼一起整粒吞下去。食物進入口中後，順著食道往下，到達嗉囊。嗉囊基本上是一個貯存器官，如果鳥最近幾乎沒吃什麼東西，食物將會很快通過嗉囊，繼續沿著消化道往下走。有些鳥的嗉囊壁在繁殖

孵化早期，因催乳素的作用下會發生變化，例如鴿的嗉囊分泌白色的「嗉囊乳」，富含蛋白質和脂肪。這種物質對於剛孵出雛鳥的營養很有幫助。

在鳥類消化過程中，通常嗉囊的意義不大，只有麝雉除外，牠們每天都要吃進和消化吸收大量的植物性食物，才能維持新陳代謝的需要，牠們消化食物的過程實際上的確是從嗉囊開始的。

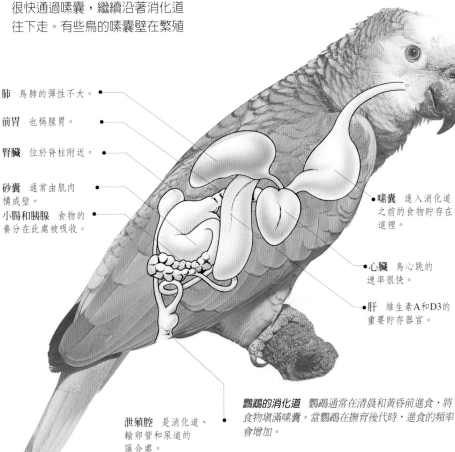

肺 鳥肺的彈性不大。

前胃 也稱腺胃。

腎臟 位於脊柱附近。

砂囊 通常由肌肉構成壁。

小腸和胰腺 食物的養分在此處被吸收。

嗉囊 進入消化道之前的食物貯存在這裡。

心臟 鳥心跳的速率很快。

肝 維生素A和D3的重要貯存器官。

泄殖腔 是消化道、輸卵管和尿道的匯合處。

鸚鵡的消化道 鸚鵡通常在清晨和黃昏前進食，將食物填滿嗉囊。當鸚鵡在撫育後代時，進食的頻率會增加。

鳥喙的形狀

橫斑梅花雀

塞內加爾鸚鵡

易變花蜜鳥

鳥喙的形狀直接反映出鳥的食性，食蜜鳥有窄而尖的喙，如花蜜鳥；雀鳥食取大量的種子，短而結實的喙可幫助牠們嗑開種子、食取其中的果仁；以昆蟲和漿果為食的鳥通常都有個形狀大小較適中的喙，這種喙能翻轉樹葉、捕食昆蟲以及從樹枝上啄食漿果。鸚鵡的喙非常堅實且強有力，足以對付比較堅硬的種子。

食物經過嗉囊後，到達前胃（腺胃），在前胃裡，食物與粘液、胃酸和胃蛋白相混合，胃蛋白會把食物中的蛋白質分解成小單位的氨基酸殘渣。

胃是消化道內的肌肉質器官，是種子被徹底消化的場所，胃壁的厚度取決於鳥的食性。鸚鵡主食乾種子，因而胃壁較厚；而一些食蜜鳥的胃壁較薄，如小型吸蜜鸚鵡。

食穀鳥通常會吞食一些砂礫，砂礫沈積在砂囊裡有取代牙齒的功能，粗糙的邊緣能將種子磨碎，防止食物結成團，堵塞消化道。

鳥腸的發達程度比不上哺乳動物，胰腺位於十二指腸的轉彎，膽管伸出肝臟之處，胰液中含有消化酶，可以把食物消化分解為基本成分，被身體吸收利用。在消化道的下側有一截盲腸，盲腸在食植性鳥類中最發達，內有細菌，能分解植物纖維素，以利於消化吸收，鸚鵡體內缺少盲腸，蜂鳥之類的鳥類盲腸則已經退化。

消化道的末端是直腸，直腸通向泄殖腔，泄殖腔中還有尿道和輸卵導管的開口。鳥腎位於脊柱兩旁、尾綜骨附近，鳥的尿液主要成分是尿酸，即鳥類排泄物中的白色部分，而不像哺乳動物那樣以液體尿素的形式排出。鳥沒有膀胱（駝鳥除外），因而尿酸經輸尿管直接排到泄殖腔，在泄殖腔中，水分重新被身體吸收，尿酸濃縮後以半固體狀的白色濃縮物形態排出體外。

✦ 飛行和羽毛 ✦

鳥類翅膀與機翼基本原理相似，也就是說，當鳥翅從氣流中劃過時，空氣以不同的速率分別從翅膀的上方和下方通過，與中空的下表面相比，上表面是升高的，因而空氣能以較快的速率掠過翅膀的頂部，減輕了壓力。翅膀堅硬的前緣讓氣流總能在相同的方向分開，而翅膀上、下表面的壓力差產生了向上的浮力。

鳥翅的形狀對其飛行能力有直接影響，翅膀比較寬大的鳥，不需花費太多的能量拍擊翅膀就能浮在溫暖的氣流中，如禿鷲。空氣在氣溫高的地方較稀薄，因而在溫暖的地方從地面起飛要容易得多，這也正是具有遷徙習性的鳥類喜歡飛越陸地而不願飛越海洋的原因，海面上的暖氣流較少。

換羽季節

所有的鸚鵡都從第 5 根初級飛羽開始換羽，然後身體兩側的羽毛依次脫落，在第10根初級飛羽完全長好前，換羽循環會再次開始。鳥類每年至少換羽一次，頻繁時可達每年兩次。有幾種鳥在繁殖期初期換羽，前後外表產生很大的變化，例如各種織布鳥和維達鳥的雄鳥與羽色較為暗淡的雌鳥相似，但換羽後即

羽毛的功能

長在鳥翅後緣上較長的初級飛羽能使鳥停留在空氣中，初級飛羽通常共有11根，6 根固定在翅膀的掌部，其餘 5 根沿著指骨延伸至翅尖。不同種的鳥類初級飛羽的數目也不同。

次級飛羽的數目變化更大，有些小型的雀鳥只有 6 根，而滑翔技巧發達的信天翁，次級飛羽可多達40根。次級飛羽附著在尺骨上，在靠近身體處有更小的三級飛羽，三級飛羽藉皮膚與肱骨相連，其餘的翅膀

表面為覆羽所覆蓋，覆羽較寬的邊緣朝向翅膀後面，這樣可減小飛行時的空氣阻力。鳥類拍擊翅膀時產生的推力主要來自初級飛羽，當翅膀向上運動時，初級飛羽張開，讓空氣從中間穿過；當翅膀向下運動時，羽毛互相平行靠攏產生向前的推力，翅前緣的小翼羽能使空氣從翅膀的頂部平穩流過。羽毛的功能除了用於飛行外，還有保溫的作用，鳥的體溫比哺乳動物的高，平均為41-43.5℃。體型小的鳥比體型大的鳥散熱快，因而更需要羽毛的保護。鳥羽約占體重的6%，小型山雀科鳥類的羽毛可能達到體重的12%。

大換羽 紫翅椋鳥正在從幼羽換為成羽。

小翼羽 由類似於小翻的短羽毛構成，對於維持鳥在飛行中的穩定性有重要作用，此外還有助於鴨類游泳。

覆羽 交疊的覆羽覆蓋了翅膀的剩餘表面。

羽毛的功用 鳥羽不僅在飛行中有重要作用，還有助於保持體溫，有些鳥的羽毛還有求偶炫耀的功能。

初級飛羽 在鳥飛行時提供主要的推力，各種鳥類的初級飛羽的數目略有不同，如雀類的每隻翅膀上通常有10根初級飛羽。

次級飛羽 附著在翅膀上距離身體最近的部位，次級飛羽比初級飛羽短，在飛行中同樣有重要作用。

體羽 這些構成身體外形的羽毛通常相當平伏，勾勒出身體的輪廓，這種緊密的結構有助於保持體溫和防雨。

脫去暗淡的羽毛，換上顏色鮮艷奪目的羽衣發揮羽毛的另一種功能：炫耀。換羽對鳥的飛行能力大多沒有太大的影響，但鴨、天鵝之類的鳥在換羽時會同時褪去所有的飛羽一個月以上，迫使這些鳥必須遷徙到安全的地方，減少被捕食者發現的危險。失去了飛行能力後的鳥，如果不會奔跑或游泳，幾乎就沒有自禦能力了。溫度和光照也會影響換羽，在寵物鳥身上尤其明顯。

尾羽 尾羽的形狀變化很大，有些鸚鵡的尾羽長，有的則短而方。根據尾羽的形狀可區分短尾鸚鵡與吸蜜鸚鵡。

鸚鵡的尾羽

紅色吸蜜鸚鵡的體羽

羽毛上的缺陷
鸚鵡尾羽上如果有小細縫，表示在羽毛發育過程中營養不良，直至羽毛脫落前並無法治療，但鳥自身不會因這種瑕疵而受到影響。

改善，在下一次換羽時羽毛就會重新正常生長。

血液向羽毛供應養分只是暫時的，僅持續於羽毛生長期，此後羽毛就會死亡，既無神經控制也無血液供給養分。如果在換羽期間羽毛發生了變化，直到下一次換羽時變化的羽毛才會被替換。如果所養的鳥需要餵食生色劑，如金絲雀（見第157頁），一定要在換羽剛要開始前開始餵食，並一直持續到換羽結束。

換羽

在大多數鳥類中，羽毛在身體上以一定的羽序發育，羽毛的數量與氣候有關，溫帶的鳥類冬季的羽毛比夏季的多。換羽由內分泌系統所產生的激素所控制，受損和老舊的羽毛會有規律的脫落並被新羽取代。

在換羽期的鳥需要大量的能量。鳥的食物量相對增加，如果換羽期營養不良，會導致羽毛生長受阻或羽色變化異常。例如環頸鸚鵡可能在綠色的羽毛中長出幾根黃色的羽毛。如果將這種食物短缺的狀態加以

替代的新羽
受損的羽毛在每年的換羽期，會被完好的新羽替代，換羽期籠養鳥的營養十分重要。

虎皮鸚鵡的次級飛羽

雞尾鸚鵡的初級飛羽

── 呼吸系統 ──

鳥 的呼吸系統與哺乳動物的呼吸系統有著明顯區別，鳥類有兩個肺，但彈性不大。在鳥的身體裡有好幾個氣囊。氣囊甚至伸入較大的中空骨中形成「氣骨」，如肱骨即是。

氧氣需求

鳥的飛行是一種劇烈運動，需要吸入大量的氧氣。雖然鳥肺比哺乳動物的肺小，但鳥肺的效率更高，而且不受海拔高度的影響。鳥肺的氣體交換在肺內的毛細支氣管進行，氧氣由毛細支氣管進入毛細血管，由紅血球運至全身，同時毛細血管中的二氧化碳也釋放到毛細支氣管中。氣囊並不直接參與氣體交換過程，它們的作用就像風箱，當鳥吸氣時，空氣先進入前胸氣囊，當鳥呼氣時，空氣由肺進入後胸氣囊再排出體外，這種過程可增加鳥的呼吸效率。

鳥類的呼吸運動由兩組不同的肌肉控制，他們與哺乳動物不同，不具有造成胸腔和腹腔壓力差的橫隔膜，鳥類是靠肋間肌的運動使胸區擴大，造成吸氣；然後腹肌壓迫胸部，造成呼氣。在飛行時，胸肌會透過收縮和舒張帶動胸骨向前運動，遠離脊柱。

鳥的呼吸系統可以確保呼氣時氣體徹底交換，哺乳動物呼氣後卻總有一部分空氣還存留在肺裡。鳥的血管分布也使吸入的氧氣能以最高的效率運輸，當血液返回肺時，血液中的含氧量低，與已通過肺的空氣相遇，此時血液中仍含有一些氧，但這部分氧氣擴散在血液中，可以刺激血液中二氧化碳的釋放。當血液流近肺時，會與更多的空氣相遇，使血液中飽含氧氣。

氣囊除了在呼吸過程中扮演重要角色外，在一些求偶炫耀中也有重要作用，如軍艦鳥雄鳥在求偶炫耀時，紅色的喉囊充氣膨脹，就可以吸引配偶。

鳥的呼吸系統 *鳥類有許多氣囊與肺相連，可以幫助呼吸過程中的氣體交換。*

氣管(鳴管)

和脊柱相鄰的肺

腹氣囊

後胸氣囊

前胸氣囊

第二章

玩賞鳥飼養法

吉庫尤繡眼鳥
這種嬌小動人的軟嘴鳥很容易
成群飼養繁殖（上圖）。

折衷鸚鵡
許多種鸚鵡都很難用肉眼辨別雌雄，但這種鸚鵡的
雌雄鳥卻有顯著差異，雌鳥的體色主要為紅色，
而雄鳥則是綠色占優勢（左圖）。

玩賞鳥的品種

養鳥前要多方面考慮，如果只是想養一隻鳥來作伴，最好選剛離巢但已能自己進食的幼鳥，較成熟的鳥雖然較容易飼養，但不太容易與主人建立親密的關係，一些大型的鸚鵡比較吵鬧，就不適於飼養在市區的生活環境中。

── 選擇品種優良的鳥 ──

如果想養一隻會說話的鳥，那麼非洲灰鸚鵡和八哥是你最好的選擇，虎皮鸚鵡和雞尾鸚鵡雖然模仿能力很差，但性情溫順可人，美冠鸚鵡天性柔順，囀鳴聲非常動聽，可惜詞彙量有限。

如果只想用於繁殖，就應該選擇幼鳥，雖然要繁殖成功可能得花費你兩三年的時間，但幼鳥的繁殖期較長，如果養鳥的目的是志在參賽，最好的方式就多參觀比賽，掌握了評審的愛好之後，自然能選擇出較佔優勢的鳥。

虎皮鸚鵡
俗稱阿蘇兒，羽色變化多端，是天才模仿家，成熟後性情活潑，好奇心強，是一種十分受歡迎的寵物鳥，參展和參賽的風氣很盛。

雀類
雀類的適應性很強，孵化後只要幾個月就會築巢產卵。牠們集群生活，很難馴化，天冷時要加強光照和保溫。

灰翅天藍色
虎皮鸚鵡

斑文鳥

軟嘴鳥 這類食蟲鳥品種繁多，較難接受人工飼料，各品種飼養和繁殖的難易度不同，適應環境的鳥，較容易餵養。

赤胸花蜜鳥

金披鳳玫瑰鸚鵡

短尾鸚鵡和鳳頭鸚鵡
鸚鵡是最善學人語的鳥，越大型的鸚鵡學話能力越強，這類鳥價格比較昂貴，有些種類的叫聲大而粗啞，小型鸚鵡較適合鳥舍中飼養。

雞尾鸚鵡和長尾鸚鵡 雞尾鸚鵡的性情和模仿能力與虎皮鸚鵡十分相似，可是玫瑰鸚鵡是非常流行的澳洲草鸚哥類，通常在鳥舍裡飼養和繁殖，而不養在家中。

塞內加爾鸚鵡

金絲雀 雄鳥的囀鳴聲很動聽，羽色富變化，不會咬壞木製結構，可和其他小型雀一起飼養，是繁殖和參展的理想鳥種。

紅金絲雀

斑胸草雀(ZEBRA FINCH)
Poephila guttata

十分容易飼養和繁殖的鳥種，成鳥的育雛能力強，對幼鳥照顧周全，鳥冠形狀和羽色多變，深受有經驗的愛鳥人的喜愛，通常成對參展，無論對新手或老手而言，都是極富吸引力的鳥種。

特徵

身長：10公分。
平均壽命：5年。
兩性差異：多數品種的雌鳥胸部無橫紋，喙為淺紅色。
繁殖：孵化期13天，18天後羽毛長成。
幼鳥：喙上有棕斑，初離巢時尾部很短。

雄鳥羽色　喙為鮮紅色，雙頰橙色。

雌鳥羽色　羽色比雄鳥平淡。

胸部　雄鳥胸部有黑色橫斑。

淺色羽呈企鵝毛狀分布的變種雄鳥

變種　斑胸草雀有淺黃褐色、銀白色、奶油色及以栗色為主、身體兩側為白色等多種變種，一般鳥店中即可購得，也很容易飼養。

飼養方法　以小米與雀類專用的混和飼料餵養，繁殖期時增加軟性食物和綠色食物，如植物的嫩芽、嫩草等；將之圈養在屋外的小庭籠裡，鳥舍最好寬1.8公尺以上，小鳥才有足夠的活動空間，也可以成對養在室內，在溫帶地區(台灣的嘉義以北為副熱帶氣候，以南為熱帶氣候)飼養的話，冬季最好能多曬太陽來增加熱量。

繁殖　繁殖期須準備籃子和巢草讓他們自己築巢，也可以直接從鳥店中購買鳥巢，每次約產卵5枚，幼鳥在9個月大時有繁殖能力，雌鳥一產完卵就撤出所有的巢材，要餵些切得很碎的綠色食物，否則雌鳥會把蛋弄壞。

七彩文鳥(GOULDIAN FINCH)
Chloebia gouldiae

色 彩絢麗，又稱胡錦鳥，有二種頭部顏色不同的種類，原產於澳洲，價格相當昂貴，一般都以十姐妹作為假母孵卵育雛，來增加繁殖成功的機率，但也可以由七彩文鳥自己撫育後代。

雄性紅頭七彩文鳥

● **羽色** 三種變種鳥的羽色都很鮮艷，雄鳥有鮮紫色胸部、黃色腹側部和綠色背部。

● **喙** 築巢前雄鳥喙尖會變成草莓紅色。

雄性黃頭七彩文鳥

變種 以數量而言，紅頭七彩文鳥最多，黑頭七彩文鳥最少。這3種頭部顏色不同的種類具有胸部紫色或白色的類型。

飼養方法 以高品質的雀類混和飼料，配上少量的油菊種子飼養，有的飼養者喜歡在砂礫裡加些鹽塊或炭粉餵食，幫助消化食物，七彩文鳥對低溫很敏感，一般都養在室內，這種鳥很容易感染氣管寄生蟲，要隨時留意是否有哮喘的跡象。

黑頭的雄鳥

● **尾** 短尾是雀類的特徵之一。

繁殖 可以直接在飼養籠裡繁殖，如果想繁殖出變種，最好使用無門的繁殖籠，一般多在秋天築巢產卵，如果是在春天孵化的雛鳥，就須給予特別的照料，雛鳥避免見光，育雛期的雛鳥出現不適症狀，要立刻向獸醫諮詢。

特徵

身長：*12.5公分。*
平均壽命：*17年。*
兩性差異：*雌鳥羽色不及雄鳥艷麗。*
繁殖：*孵化期15天，21天後羽毛長成。*
幼鳥：*羽毛略呈綠色，比成鳥暗淡得多。*

爪哇禾雀(JAVA SPARROW；RICE BIRD)
Padda oryzivora

可能原產於爪哇島和峇厘島附近，現在在東南亞廣泛分布，而白色品種在中國已有400年的歷史了。目前飼養的有幾種顏色不同的品種，包括純白和淺黃褐色品種。有趣的是顏色發生變異的品種比正常品種更容易飼養繁殖。

繁殖 與其他鳥類分隔開來成群飼養，可以獲得最好的繁殖效果。有時只有一對優秀的繁殖鳥進行繁殖，幫牠們準備各種築巢地點及足夠的巢材，可以解決繁殖對過少的問題。

●喙 具有強有力的喙，比其他雀類更容易嗑開顆粒大的種子，雌鳥的喙大多比雄鳥的喙顏色淺。

羽色 這些鳥羽色純正，不含雜色，是最佳的參展鳥種。

淺黃褐色變種的雄鳥

變種
羽色變化很多，有的以彩色為主，有些是純白色，白色種與正常種交配常會產生一些雜色後代，淺黃褐色品種在1950年代末期由澳洲艾德雷德的一位飼養者培育成功，此後流行於全世界，淺黃褐色鳥與白色品種交配產生淺黃褐色後代。

特徵
身長：14公分。
平均壽命：7年。
兩性差異：需由專業鑑定，通常只有雄鳥會啼唱。
繁殖：孵化期14天，28天後羽毛長成。
幼鳥：喙為深色，胸有條紋。

飼養方法 喜食一般餵食金絲雀的種子、小米、稻米和綠色食物，適應環境後就可以終年圈養在室外乾燥、溫暖和有舒適棲息環境的鳥舍裡，爪哇禾雀會攻擊比牠們小的鳥，因此不可將牠們與梅花雀養在一起。

橙頰梅花雀(ORANGE-CHEEKED WAXBILL)
Estrilda melpoda

西非梅花雀家族中最小的成員之一，容易照料，因而飼養十分普遍。生性害羞，有人走近時會躲到籠子裡種植的植物後面，但時間一久就十分馴服，能與大小相近的梅花雀類和睦相處，少有侵略行為，最好不要把牠們與喧鬧的鳥共養在一處，否則會影響牠們的築巢行為。

特徵

身長：10公分。
平均壽命：4年。
兩性差異：雌雄難辨；雌鳥羽色較淺，橙色頰斑比雄鳥小。
繁殖：孵化期12天，21天後羽毛長成。
幼鳥：羽色比成鳥淺，頭部灰褐色。

喙 梅花雀科鳥類的喙看似塗上了一層蠟。

頰 頰羽為橙色，幼鳥6周後頰部的橙色才較為明顯。

尾上覆羽 雄鳥具紅色的尾上覆羽，此為橙頰梅花雀獨有的特徵。

尾 尾部是橙頰梅花雀個體溝通的重要工具。雄鳥在向雌鳥求偶炫耀時，會前後輕彈其尾。

飼養方法 餵食摻有小米和其他穀類的進口雀類專用的混合飼料，也會吃某幾種綠色食物和無脊椎動物。植物豐茂的鳥舍裡，當牠們在離地面近的地方築巢，不耐寒冷，冬季須養在室內，春天來臨時，再放回室外鳥舍中。為了保證繁殖成功，請在春季到來後儘早把牠們妥善安置在繁殖籠內。

繁殖 在繁殖期時，要為牠們準備築巢用的盒子，並儘量避免不必要的干擾，否則會使牠們放棄築巢。不受干擾的橙頰梅花雀每個繁殖期可產2-3窩卵。幼鳥孵出後，要餵些大小適中的白色蠕蟲。

紅頰藍飾雀(RED-CHEEKED CORDON BLEU)
Uraeginthus bengalus

剛開始飼養時，要投注相當心力，悉心照料，才能讓他們適應環境並築巢繁殖；養在室內尺寸夠大的鳥籠即可，不一定要養在室外的鳥舍，鳥籠種植植物有助於刺激發情築巢。

飼養方法 請給紅頰藍飾雀食用進口的種子混和飼料，並配以浸泡過的種子、新鮮的嫩芽及小活餌，如白色的蠕蟲等。牠們喜歡啄食地面上的食物，而不像有些梅花雀直接啄植物上的種子。用封口的吸吮器供給飲水，可以幫助剛買來的小鳥適應環境。梅花雀來自氣候溫暖、乾燥的非洲南部，不喜歡寒冷和潮溼，春夏兩季可以養在植物茂盛、遮蔽較好的鳥舍裡，天氣較冷時，則要為牠們提供充足的熱量和額外的光照。

繁殖 繁殖期，成對的紅頰藍飾雀會攻擊其他的梅花雀，所以最好另外隔離，這種鳥可能會自己築巢，可以提供巢籃給牠們。幼鳥需要餵食活餌。

頰 雄鳥兩頰有紅斑，也有少部分的雄鳥是黃頰斑。

雄鳥羽色 雄鳥羽色通常比雌鳥的艷麗。

變種 藍頂藍飾雀的雌鳥頭部為褐色，雌雄鳥很容易分辨。

雄性藍頂藍飾雀

特徵

身長：12.5公分。
平均壽命：8年。
兩性差異：雌鳥羽色比雄鳥的淺。
繁殖：孵化期12天，21天後羽毛長成。
幼鳥：雄性幼鳥無紅頰斑，剛孵出的幼雛腿部顏色較深。

黑腰梅花雀(Red-Eared Waxbill)
Estrilda troglodytes

原　產於北非，羽色單純，單獨飼養不易繁殖，須成群飼養才有較大的繁殖成功率。黑腰梅花雀可與其他梅花雀共同飼養，但最好不要把牠們與文鳥之類體型較大的鳥類共養在一起，否則容易被較大的鳥欺侮。

繁殖　如果在夏季，為黑腰梅花雀提供乾草和苔蘚等適合的築巢料材，牠們至少可產3窩卵。雄鳥喜歡嘴銜巢材，在中意的配偶面前上下晃動。與其他所有的梅花雀一樣，活蟲對於繁殖期中的黑腰梅花雀非常重要。需要留心的是，如果把黑腰梅花雀與其他種的梅花雀共養，二者可能會雜交，不利於產生純種後代，從而影響到鳥的品質。

眼睛　眼睛四周的羽毛為紅色。

尾　在求偶炫耀時，雄鳥將尾羽立起。

喙　鳥喙上好像塗了一層蠟。

身體　黑腰梅花雀與其他梅花雀的區別是身體沒有橫紋。

爪　為了保護卵及雛鳥，請在繁殖季開始時修整好成鳥的爪。

飼養方法　請用進口餵食雀類的種子混和飼料、繁縷、新鮮的草籽和小型無脊椎動物餵食。牠們的活動範圍不需很大，但栽種植物可促進牠們繁殖成功。牠們喜歡食取附著在植物上的無脊椎動物。籠養時通常在地面上繁殖，選擇隱蔽得較好的地方築巢。氣候惡劣時，可以把牠們安置在安全的地方，多曬太陽，使牠們免遭寒冷的侵襲。牠們的羽毛通常很純淨，養在室內也是如此，在室內須靠輕輕噴水來保持其純淨的羽毛。黑腰梅花雀天性喜歡集群，如果觀察到兩隻雀在互相梳理羽毛，不要因此而認為牠們是一對。

特徵

身長：10公分。
平均壽命：5年。
兩性差異：雄鳥腹部的粉紅色比雌鳥的顏色淺。
繁殖：孵化期12天；21天後羽毛長成。
幼鳥：喙為深色；眼周圍的羽毛為暗粉紅色。

橫斑梅花雀(ST HELENA WAXBILL；COMMON WAXBILL)
Estrilda astrild

橫斑梅花雀是梅花雀家族中適應性較強的一種，因此牠們能比其他梅花雀更快能適應新環境。然而在溫帶的冬季，牠們需要人們提供充分的防寒保護措施。一旦安頓好就會很快築巢，在鳥籠或室外鳥舍裡都能成功的繁殖。不富於攻擊性，可與其他梅花雀共養。

特徵

身長：*11.5公分。*
平均壽命：*5年。*
兩性差異：*雄鳥腹部有暗淡的粉紅色羽毛。*
繁殖：*孵化期12天；21天後羽毛長成。*
幼鳥：*喙的顏色深；眼周圍的紅色條帶比成鳥的小。*

眼睛 雌雄鳥的眼睛周圍均有一條紅色斑紋。

雄鳥羽色 雄鳥腹部的羽毛顏色鮮艷，很容易與雌鳥分辨。橫斑梅花雀在非洲南部分布廣泛，不同的地理品種間羽色略有差異。

繁殖 在橫斑梅花雀的繁殖季，請準備合適的巢材，如乾草和苔蘚等，可以到寵物商店去購買。在溫暖的日子裡，如果正在繁殖的梅花雀遭到風雨的侵襲，牠們會棄巢而去，因此需要把鳥籠包圍好，提供額外保護，以防止意外事件發生。嚴格的防護措施還能避免貓對繁殖鳥的干擾，這種干擾對鳥蛋和雛鳥有致命的傷害。

脅腹部 外表與黑腰梅花雀十分類似，差別在於橫斑梅花雀脅腹部的橫紋顏色較深。

爪 鳥爪長得太長，容易被籠網纏住而容易受傷。

飼養方法 使用進口雀類混和飼料、黍穗、綠色食物及小活餌來餵食。在野外，這種鳥取食草的幼嫩部分，並靠爪子攀附在狹窄的枝條上保持身體平衡。牠們的長銳爪很容易被籠子的鐵絲網纏住，因此每隔一段時間就要修剪一次爪子。在繁殖初期替牠們修剪爪子，能防止梅花雀的銳爪刺破鳥蛋或是把雛鳥從巢中鉤出來。在栽種青草和灌叢的鳥舍裡，梅花雀能長得很健壯。在設計養鳥籠時要加強保護措施，除了正面外其餘三面均要圍起。別忘了替鳥舍裡的植物澆水。

橙腹紅梅花雀(GOLDEN-BREASTED WAXBILL)

Amandava subflava

這種身體嬌小、羽色美麗的梅花雀一直深受養鳥者所喜愛，並已成功的飼養繁殖了好幾代。牠們不具攻擊性，可與一些不會干擾牠們的近緣種類飼養在一起。圖中是最常見的一種橙腹紅梅花雀，另一種克拉克梅花雀的體型比較大一點，羽色也沒有這麼鮮艷。

特徵

身長：9公分。

平均壽命：8年。

兩性差異：雌鳥羽色較暗，不具有雄鳥眼周圍所特有的紅條紋。

繁殖：孵化期12天；21天後羽毛長成。

幼鳥：喙的顏色較深；羽色比成鳥黯淡；眼周圍也無條紋。

飼養方法 請用進口的雀類混和飼料配以黍穗、綠色食物及小活餌飼餵橙腹紅梅花雀。這種鳥比較小，因此鳥籠的網眼不能超過1.25平方公分，否則鳥可能會從網眼飛走。雖然夏天時牠們在室外的籠子裡能過得快活，但在溫帶的冬季，您還是得為牠們提供良好的防寒措施。

繁殖 須為快要繁殖的橙腹紅梅花雀準備好巢籃。在繁殖期間，親鳥要特別補充動物性食物，所以須要添加白色蠕蟲等等活蟲，否則親鳥很可能停止育雛。雖然牠們也吃營養豐的軟性飼料，但光吃飼料是不夠的，一定要餵食小活蟲才能滿足牠們。

眼睛 雄鳥的眼睛周圍有紅色條紋。

腹側部 雄鳥腹側的金黃色羽毛比雌鳥的鮮艷得多。

脅腹部 通常具有較暗的橫紋，但有的種類該區羽毛為明顯的黑色，這一現象是由黑素沈澱所產生的。但這只是暫時現象，到下一次換羽時，正常顏色的羽毛將重新出現。但黑色區域也可能進一步擴大。

雌鳥羽色 雌鳥羽色較暗，可據此辨別雌雄鳥。這種鳥廣泛分布在非洲撒哈拉沙漠以南的大片地區，品種的變異既可以表現在顏色上，也可以表現在大小上。雌鳥常與其配偶相距很近，牠們經常互相梳理羽毛。從大小而言，橙腹紅梅花雀是最小的一種梅花雀。

十姐妹(BENGALESE FINCH)
Lonchura domestica

十姐妹不屬於野生的棲鳥，牠是幾個世紀以前的中國，有人把白腰文鳥與另一種親緣關係相近的鳥進行雜交而產生的新品種。大約在16世紀時的日本也出現了這種鳥，但到1860年倫敦動物園引進了兩隻純白色的十姐妹才首次在西方露面。隨後，巧克力色的十姐妹於1871年從東方抵達德國，還有淺黃色和更多的白色的十姐妹陸續到來。如今十姊妹在世界各地廣為飼養，高居雀類之冠。牠們因可作澳大利亞草雀類，如七彩文鳥的假母，而具有很高的經濟價值，因為七彩文鳥不善育雛，難以擔負撫育後代的重任。十姐妹是社會性鳥類，因而在北美洲又稱社會鳥。

羽色 這隻鳥的羽色為栗色；單一的巧克力色是十姐妹羽色中最深的顏色。

腿 腿上有不同顏色的色環，區別雌雄鳥。

特徵

身長：10公分。

平均壽命：5年。

兩性差異：需進行專業鑑定，雄鳥會啼唱。

繁殖：孵化期12天；21天後羽毛長成。

幼鳥：羽色較暗，體側下方的顏色比成鳥淺。

尾 雄鳥求偶炫耀時會搖動尾羽。

斑紋 每隻鳥羽毛的茶褐色斑紋都不同，這也是牠迷人之處。

淺黃色和白色相間的雄鳥

變種 淺黃色和白色相間的十姐妹，羽色的差異主要表現在頭部的白斑大小。

繁殖 發現有文鳥準備交配時，就可替牠們提供合適的巢材，如乾草、苔蘚或市面銷售的巢材。十姐妹會與其他小型雀雜交，所以不可混雜養在一起。

飼養方法 請用專門用來餵食雀類的進口種子混合飼料，再配以綠色食物飼餵十姐妹。牠們天生就比較能吃苦，體格強壯，是社會性鳥類，因此能在室外鳥舍中生活得很快樂，並能與梅花雀等其他小型雀類和睦相處。

白喉文鳥 (SILVERBILL)
Lonchura malabarica

白喉文鳥有兩種，即原產於印度的馬拉巴爾亞種和原產於非洲的堪坦斯亞種，他們相當容易飼養，而且無論養在籠子裡或是在室外鳥舍環境中很快就會築巢繁殖。羽色更艷麗的灰頭銀嘴文鳥，頭部是灰色的，臉部兩側及喉部有白色的小斑點，體側下方為黃褐色中略帶粉紅，而馬拉巴爾亞種的體側下方則為淺黃色。雌雄鳥外型近似，很難區別，但是如果養有5、6隻鳥的話，那麼其中應該至少有一隻會是雄鳥。繁殖期的雄鳥不僅以啼唱來吸引雌鳥還會跳舞向雌鳥炫耀。

繁殖 發現有文鳥準備繁殖時，就要提供築巢用的籃子或盒子。雛鳥須餵新鮮的蛋類食物或軟嘴鳥餌，因為這兩種食物都含有豐富的蛋白質，營養價值很高，所以不餵小活蟲也能把雛鳥養得很好。白喉文鳥和小型雀一樣是多產鳥種，每窩產8個蛋。可以連續築巢2-3次。養在室外鳥舍裡繁殖效果最好的。

特徵

身長：10公分。

平均壽命：5年。

兩性差異：雌鳥較小，尾部紅色，雄鳥在繁殖期會啼。

繁殖：孵化期12天；21天後羽毛長成。

幼鳥：與成鳥相似。

頭部 頭部具深色斑紋是白喉文鳥的特徵之一，白喉文鳥因其喙上的銀白色而來。

尾上覆羽 原產於印度的白喉文鳥具白色的尾上覆羽；原產於非洲的品種具黑色的尾上覆羽。

腿 幼鳥的腿鱗片較少；成鳥腿的腿鱗十分明顯。

飼養方法 白喉文鳥的食物是碎小米和進口的雀類混和飼料。他們也吃嫩草和嫩芽。白喉文鳥不具攻擊性，可與梅花雀共養。平時可養在室外鳥舍中，但天氣寒冷時要增加熱量和光照，如果在地處溫帶國家，夏天可以把他們養在室外，冬天則要拿回室內。

斑文鳥(SPICE FINCH；NUTMEG FINCH)
Lonchura punctulata

分布在印度到中國大陸的亞洲地區，也棲息於東南亞的菲律賓群島等島。斑文鳥（香雀）是由運載各種香料的船隻，從東方返回時首次被帶到歐洲的。斑文鳥因其廣泛地理分布，而存在著許多不同的品種，品種間的差異可表現在羽色或大小上。這種鳥是天生的社會性鳥種，可以成群飼養。大量飼養同一來源的鳥，可保證後代品種的純正。

特徵

身長：*12.5公分。*
平均壽命：*5年。*
兩性差異：*需進行專業鑑定；雄鳥會啼唱。*
繁殖：*孵化期12天，21天後羽毛長成。*
幼鳥：*與成鳥相似，但顏色較暗。*

脅腹部 背部品種不同，脅腹部的斑紋形態也不同，這隻鳥脅腹部具橫紋。

背部 背部紅褐色羽毛的顏色深淺與品種有關。

喙 喙的顏色介於深灰到黑色之間。

斑紋 有的斑文鳥胸部的彩色斑紋比其他品種的鮮艷。

飼養方法 斑文鳥喜食加那利子與小米的混和物和綠色食物。牠們與大多數小型雀類不同，牠們特別愛吃活餌，最好經常餵食，尤其在繁殖期間，更要確保親鳥及雛鳥有足夠的活蟲可食。牠們愛吃的綠色食物是繁縷和牧草。鳥舍裡須栽種些植物，因為這種鳥需要隱蔽的地方來藏身。待牠們適應了新環境，就可以整年都養在隱蔽的室外鳥舍裡。

繁殖 如果鳥舍裡有適合築巢的植物，進入繁殖期的斑文鳥就會成對共同搭起結實的鳥巢，通常雄鳥擔當收集巢材的重任。牠們喜歡以粗青草梗等綠色植物的莖梗作巢材，較不喜歡乾燥的材料，如果有羽毛和苔蘚，牠們會把這些柔軟東西鋪在巢內。

栗腹文鳥(TRI-COLOUR NUN：CHESTNUT MUNIA)
Lonchura malacca

全身羽毛柔亮蓬鬆、毛色純潔無瑕，是一種野生的亞洲雀。適應性強，易於飼養。把好幾群栗腹文鳥飼養在一起有利於激發鳥的繁殖本能，繁殖成功的可能性較大。

特徵

身長：*11.5公分*。
平均壽命：*5年*。
兩性差異：*需進行專業鑑定；雄鳥會啼唱*。
繁殖：*孵化期12天；21天後羽毛長成*。
幼鳥：*與成鳥相似，但羽色比成鳥的黯淡*。

頭部 有些人以其黑色的頭部，而將其劃歸為黑頭類的文鳥。

腹側部 早期為奶油色，隨著鳥的年齡增長而顏色漸淺。

雌鳥羽色 有些雌鳥翅膀的顏色較淺。

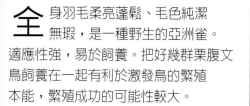

飼養方法 進口的飼餵雀類的種子混和飼料配以黍穗是栗腹文鳥的喜食之物。栗腹文鳥也吃鳥舍裡的綠色食物，並捕食昆蟲，例如綠蚜蟲。牠們啄食草籽，用草梗築巢。已適應環境的栗腹文鳥相當健壯，在溫帶地區飼養須準備一個溫暖的鳥舍供其過冬。把牠們養在有較大活動空間的鳥舍裡，可消除牠們的緊張情緒。

喙 鵲色文鳥雄鳥的喙一般都比雌鳥的大。

繁殖 野生栗腹文鳥喜愛在竹林裡築巢，所以據說在鳥舍裡放些竹子可以刺激栗腹文鳥繁殖，餵些浸過水的種子和小活餌也有利於繁殖，這種方法也適用於其他近緣的栗腹文鳥。成群飼養反而容易使繁殖鳥數量稀少，減少鳥群的數量也許會有助於解決此一難題。

變種 非洲鵲色文鳥的名字取自其黑白相間的羽毛。

鵲色文鳥的雄鳥

環喉雀(CUT-THROAT FINCH)
Amandina fasciata

來自非洲的雀類，天性大膽，好奇心強，非常惹人喜愛。野生鸚鵡鳥常在城鎮或村莊的屋簷下築巢。很容易飼養，也易於分辨雌雄，而且是十分稱職的親鳥，可以自己繁殖育雛。同屬的紅頭環喉雀也相當容易區別雌雄，因為雄鳥的頭部是紅色的。紅頭環喉雀適應力較差，因此雖然與環喉雀的習性相近，但被作為寵物的數量要少得多。

特徵

身長：*11.5公分。*

平均壽命：*5年。*

兩性差異：*雄鳥具紅色喉羽。*

繁殖：*孵化期12天；21天後羽毛長成。*

幼鳥：*與成鳥相似，雄性幼鳥喉羽的紅色比成鳥的淺。*

喉 因雄鳥喉部具紅色斑紋，所以稱為環喉雀。

腹部 腹部的栗色斑紋是雄鳥特有的特徵之一，不過有少數雌鳥在腹部也有這種斑紋。

雌鳥羽色 雌鳥體羽的黃褐色比雄鳥淺。

飼養方法 可用小米及其他更小的穀類作物的種子飼餵環喉雀，再餵些綠色食物。定時餵些活餌，尤其對育雛期間的親鳥更應如此。這種鳥在栽種有植物的隱蔽鳥舍裡生長良好。具有攻擊性，因此不要把牠們與梅花雀這樣的小鳥共養在一起。而像文鳥、鳳凰鳥這類較大的鳥才是牠們適合的伙伴。

繁殖 為了避免繁殖期的雌雄配偶間發生爭吵，最好在鳥舍的四周不同的地點準備一些雀類繁殖用的巢箱和前面開口的盒子。牠們喜歡自己築巢。雌鳥容易難產，應特別注意。

鳳凰雀(PARADISE WHYDAH)
Vidua paradisaea

雄鳥具有美麗的繁殖羽，是牠們最大的特徵。大多數的品種都可以人工飼養繁殖，但由於築巢習性特殊，人工飼養的狀態下不容易繁殖成功。鳳凰鳥最初是由葡萄牙船員從非洲維達港帶回英國，因此英文名字意思為樂園鳳凰鳥，由於雄鳥具有黑色的羽毛，因此又稱為寡婦鳥。

頸部 橙色羽毛從頸背向下延伸，到胸部顏色變深。

羽色 雄鳥在羽毛褪色（英文縮寫為O.O.C.，即 out of colour）時，羽毛上可見條紋。

繁殖 樂園鳳凰鳥自己不育雛，牠們通常把蛋產在各種梅花雀的巢中，由梅花雀代為孵蛋育雛。繁殖期一開始，雄鳥就會長出華麗的繁殖羽。繁殖時，可以把一隻雄鳥和幾隻雌鳥養在一起，伴隨幾隻斑腹雀。綠翅斑腹雀是鳳凰鳥的天生寄主，鳳凰鳥的雛鳥也可由紅嘴火雀撫養。

尾部 飛行中尾羽保持水平，長尾羽很容易損壞，所以在安置棲木時要讓鳳凰鳥有足夠的活動空間，尾羽不會被網眼纏住。

飼養方法 以進口的雀類混和飼料，配合黍穗和綠色食物、活餌等餵食。鳳凰鳥天性好動，因此需要準備一所栽種植物的大鳥舍。一旦適應新環境就會健康成長，體質強壯，所以可以把牠們養在室外鳥舍裡。也可以把牠們養在大型室內鳥籠中。不要把牠們與非繁殖季時可作替身父母的梅花雀共養在一處，否則牠們會欺侮梅花雀。當鳳凰鳥羽毛褪色（O.O.C.）時，很難區分雌雄鳥。只能從略長的尾羽、羽毛上有深色斑紋等雄鳥特徵上把雌雄鳥區別開。

◆ 特徵 ◆

身長：13公分，在繁殖期雄鳥身長40公分。
平均壽命：10年。
兩性差異：雌鳥羽色比雄鳥暗淺；而且沒有尾羽。
繁殖：孵化期14天；14天後羽毛長成。
幼鳥：與成鳥相似；通常以十姐妹作為假母來育雛。

◆

紅寡婦鳥(ORANGE WEAVER：RED BISHOP)
Euplectes orix

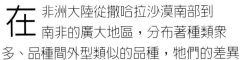

在非洲大陸從撒哈拉沙漠南部到南非的廣大地區，分布著種類眾多、品種間外型類似的品種，牠們的差異主要表現在羽色上。在繁殖季初期，雄鳥長出顏色鮮艷的羽毛，胸部和頭部變成亮麗的橙色。紅寡婦鳥是人們熟知的籠養鳥，盡管雄鳥會用乾草精心築巢，但還是不易繁殖成功。如果能提供粟草等合適的巢材，牠們也會自己築巢。

喙　繁殖期雄鳥的喙顏色變深，有時變成黑色

胸部　可在換羽前以飼餵方式，使胸部的橙色加深。

全色　這種雄鳥稱為全色，全色的英文縮寫為I.F.C.（in full colour）。

特徵

身長：12.5公分。
平均壽命：7年。
兩性差異：雌鳥沒有黑色羽毛，也沒有全色雄鳥具有的橙色羽毛。
繁殖：孵化期14天；15天後羽毛長成。
幼鳥：羽毛顏色比成鳥的淺。

羽毛褪色
雄鳥羽色褪色（O.O.C.）的變化與雌鳥相似，但雄鳥仍保留有深色斑紋。

飼養方法　可用細小的穀類作物種子飼餵這種鳥，但綠色食物和活餌的供給要充足，在雛鳥孵出後更應如此。這種鳥一旦適應了新環境，就很容易飼養，在溫帶國度的冬季，即使不提供額外的熱量，牠們也能過冬。這種鳥天性吵鬧，不要把牠們與梅花雀一類的小型雀共養。雞尾鸚鵡才是牠們的最佳伙伴。

繁殖　為了讓紅寡婦鳥繁殖得更好，可把一隻雄鳥與幾隻雌鳥共養在一起，因為牠們在自然狀態下是多配偶制。雄鳥用乾草築巢，然後與其中的一隻雌鳥配對，在雄鳥移情於同群中的其他雌鳥之前，這隻雌鳥將獨占整個繁殖過程。雄鳥不參與孵卵，而且撫育雛鳥的重任也由雌鳥獨立承擔。把雄鳥與雌鳥一配一的養在一起，將是很危險的，因為雄鳥會迫害牠唯一的配偶，這樣繁殖成功希望就變得很渺茫了。

黃頂寡婦鳥(NAPOLEON WEAVER；GOLDEN BISHOP)

Euplectes afer

黃頂寡婦鳥的分布區與紅寡婦鳥相同。在野外常在蘆葦叢中築巢。但是在大範圍的巢群附近，常常潛伏著凶殘的鱷魚，捕食從巢中露出的幼鳥，這種危險是籠養鳥不會遇到的。在籠養狀態下，黃頂寡婦鳥的繁殖並不容易成功。

飼養方法 黃頂寡婦鳥的食物是進口的雀類混和飼料，並配合綠色食物和昆蟲，須以活餌撫育雛鳥。浸泡過的種子也有助於雛鳥的撫育。在換羽初始餵飼雄鳥恰當的生色劑，將有助於羽毛黃色的加深。一旦適應新環境後，就會越長越強健，但在冬季還是要準備溫暖舒適的鳥屋。要把黃頂寡婦鳥與梅花雀隔離開，否則牠們會欺負梅花雀。

喉 短粗而結實，可嗑開種子外殼、築巢。

頭部 雄鳥頭部為鮮艷的黃色，並向下擴展到胸部。

斑紋 黃頂寡婦鳥的斑紋很特別，黃色的羽毛上有黑色的條紋。

暗色羽毛 這隻羽色晦暗的雄黃頂寡婦鳥正剛開始變得顏色鮮艷。

特徵

身長：12.5公分。

平均壽命：7年。

兩性差異：羽毛褪色時，雌鳥身上的條紋比雄鳥明顯。

繁殖：孵化期14天；15天後羽毛長成。

幼鳥：身體上部為黃褐色，身上的條紋不及成鳥的顯著。

繁殖 為了獲得彩色的鳥，至少得把2隻雄鳥和4隻雌鳥共養在一起。牠們需要一年時間才會適應，雄鳥之間會彼此競爭，以啼唱和炫耀爭相吸引雌鳥，但不會發生激烈的戰鬥。為了刺激鳥築巢，可在鳥舍裡種幾株竹子，但要選擇合適的竹子品種，不能讓竹子長得太高。

歌唱金麻雀(GOLDEN SONG SPARROW)
Passer luteus

雖然名字稱為歌唱麻雀，但牠們並不擅啼唱，而且只有雄鳥的羽毛是金黃色。雄鳥的啼唱很簡單，聲音很輕，由一連串的吱喳聲組成，叫聲和家麻雀類似。這種鳥很容易飼養，一小群聚在一起時就很快樂，在這種狀態下最容易繁殖成功。如果飼養室內，可以用籠子正面專為雀類設計的盒式籠子成對飼養。剛買時要把牠們放在保暖的鳥舍中。

雌鳥羽色 雌鳥羽色為暗黃褐色，可與雄鳥區分。

喙 雄鳥的喙通常是較淺的角質色；在築巢期間會慢慢變成黑色。

雄鳥羽色 每隻雄鳥的黃羽顏色深淺不同，飼餵生色劑可使毛色加深。

飼養方法 金麻雀吃各類小種子、黍穗及活餌，如白色的蠕蟲和小蟋蟀。當您精心照料金麻雀使牠們適應新環境後，就可以把牠們養在室外栽種有植物的鳥舍中。您還可以在室內用盒式籠子養1-2隻麻雀，籠子的正面要專為雀類設計，把牠們與梅花雀分隔開，因為這類麻雀非常吵鬧，成群時更是如此。

繁殖 把金麻雀養在栽種有植物的鳥舍中，並提供巢箱給牠們，繁殖成功的可能性就會大很多。在鳥舍內懸掛金雀花(gorse)的枝條可以刺激繁殖，因為野生的金麻雀是在荊棘灌叢中築巢的，牠們在籠養時也喜歡在金雀花尖刺的保護下築巢。

特徵

身長：12.5公分。

平均壽命：5年。

兩性差異：雌鳥羽色為褐色。

繁殖：孵化期12天，14天後羽毛長成。

幼鳥：與雌鳥相似，但腹部顏色較淺；後腦有一段短時間長著灰羽毛。

藍頭鸚雀；日丸鳥(BLUE-HEADED PARROT FINCH)
Erythrura trichroa

俗 稱日丸鳥，盡管購買藍頭鸚雀所費不貲，如果飼養有方，這種多產的鳥會在18個月內繁殖出40隻左右的幼鳥，保證使飼主值回票價！要想獲得最佳繁殖成就，需修建一植被豐茂的鳥舍，這樣才能使容易緊張的藍頭鸚雀平靜下來，早日適應環境。如果巢周圍就是籠子，這種鳥會很不適應，因為牠們需要更隱蔽的環境。

飼養方法 可用進口的雀類混和飼料、飼餵金絲雀的種子、殼粒及適當的活餌餵養藍頭鸚雀。飼養在室內鳥籠裡時，在籠頂懸掛下一些針葉樹的枝條，這樣能為這種鳥提供隱蔽的環境，使牠們有安全感。

頭部 深藍色的頭部是這種鳥的顯著特徵，羽毛上藍色和綠色的區域分界明顯。因羽毛與鸚鵡相似而得名。

翅 與其他雀類一樣飛翔快速而敏捷。

尾 尾羽末端漸尖。

羽色 身體的大部分的羽毛為深綠色，這是一種天然的保護色。

變種 紅喉鸚雀原產於南太平洋的薩摩亞群島和附近島嶼，相當容易飼養，也很多產，曾有人在一生中以這種紅喉鸚雀連續繁殖了30代。

雄性紅喉鸚雀

特徵

身長：11.5公分。
平均壽命：7年。
兩性差異：雌鳥較小，臉部的藍斑比雄鳥的黯淡，每隻雌鳥都不盡相同。
繁殖：孵化期14天；21天後羽毛長成。
幼鳥：頭部無藍斑，喙為黃色

繁殖 雖然多數的藍頭鸚雀能與其他大小相近的雀類和睦相處，但為了避免相鬥而影響繁殖，最好不要把較多的鳥類共養在一處，以每個籠子裡飼養一對鳥最恰當。繁殖期間要為牠們準備好巢箱。

黃額絲雀(GREEN SINGING FINCH)
Serinus mozambicus

天生的歌唱家，與家養金絲雀的野生祖先有血緣，因而習性也很相近。黃額絲雀廣泛分布於非洲撒哈拉沙漠以南的地帶，有許多因分布區域不同而產生的品種。其中一種較常見的品種是黃絲雀，與食籽雀外型相似，容易相混淆，其實二者的親緣關係較遠，二者的區別在於食籽雀的喙比黃絲雀的寬大許多。

繁殖 請為雌鳥準備絲雀繁殖專用的巢盤。繁殖期的雌鳥要每天餵食新鮮的加那利子，在雛鳥快要孵出時還要添加活餌，這些營養成分可以保證黃額絲雀順利度過育雛期，直到雛鳥的羽毛長成。因為雄鳥之間會相互攻擊，最好能分開飼養；但一對黃額絲雀能與其他梅花雀和睦相處，可以放心的將牠們養在一起。

飼養方法 可用餵食絲雀的種子混和飼料和普通的加那利子餵養黃額絲雀。通常在適應新環境後，體質就可以保持很強壯，如果在溫帶地區飼養，最好讓牠們在室內過冬。

頭部 雄鳥臉部具鮮艷的黃斑，而雌鳥的黃斑顏色較暗，而且喉部具淡黑色斑點。

背部 灰中帶綠，體腹為黃中帶灰。

尾上覆羽 這種黃絲雀的尾上覆羽有黃色暗影狀淡斑，但另一種黃絲雀的尾上覆羽略帶綠色。

變種 白腰絲雀的羽色比黃額絲雀的黯淡，較不易飼養，需悉心照料。

雄性的白腰絲雀

特徵

身長：*12.5公分。*

平均壽命：*12年。*

兩性差異：*雌鳥的羽毛比雄鳥黯淡；喉部具淡黑色斑點，有些會連成帶狀。*

繁殖：*孵化期14天；14天後羽毛長成。*

幼鳥：*與雌鳥相似但條紋的顏色更深。*

綠翅斑腹雀(MELBA FINCH；GREEN-WINGED PYTILIA)

Pytilia melba

梅 花雀科鳥類可區分成四個，斑腹雀類為其中之一，他們的體型比一些近緣的鳥類大些(參考第33、35、36頁)，要花較多的時間來照料，天氣潮溼時須移置室內。除了圖中的綠翅斑腹雀外，紅翅斑腹雀也是十分受歡迎的斑腹雀家族成員。

---◆---
特徵
身長：12.5公分。

平均壽命：6年。

兩性差異：雌鳥頭部為純灰色。

繁殖：孵化期12天；21天後羽毛長成。

幼鳥：腰部和尾為橙色，與成鳥的紅色不同。
---◆---

雌鳥羽色 全身的毛色都比雄鳥黯淡，雌雄鳥很容易辨別。

雄鳥羽色 紅色的額頭是雄鳥特有的特徵，他們特別喜歡攻擊鳥舍中和其斑紋相似的其他鳥類。

喙 比其他小型梅花雀的喙強壯有力得多，用喙啄開白蟻穴，取食白蟻。

飼養方法 可用進口的雀類混和飼料餵養綠翅斑腹雀，並配以適當的活餌，當進入繁殖期時，綠翅斑腹雀對活餌的需求量相當大。鳥舍裡要栽種茂盛的植物。綠翅斑腹雀喜歡較隱蔽的環境，進入繁殖期後尤其如此，否則他們會攻擊其他的鳥。

繁殖 他們喜歡自己把巢築在矮灌叢中，有時可能會在盒子或箱子中築巢而不願意用巢箱。乾草是他們愛用的巢材，偶爾會在巢中鋪墊羽毛。在夏季，一對綠翅斑腹雀差不多築巢2-3次，雛鳥能自己進食後，就要與親鳥分開飼養，便於親鳥再度築巢繁殖。

腳 顏色比喙的顏色淺得多，十分特別。

脅腹部 不同品種的綠翅斑腹雀脅腹部的橫紋不同，可依此來區別品種。

邊境金絲雀(BORDER FANCY CANARY)
Serinus canaria

在 19世紀末，英格蘭和蘇格蘭的邊境地區開始飼養，最初英格蘭人認為這種鳥是坎伯蘭金絲雀，而蘇格蘭人則認為是普通的加那利島金絲雀。1890年，在布里亞的霍威克召開會議上，人們一致通過把這種鳥取名為「邊境金絲雀」，目前已成為國際上通用的名稱。

頭部 頭小而且圓，眼睛位於中央。

羽色 應為純正、深淺均勻的羽色。

身體 背部和胸部都是圓的；兩隻翅膀在翅梢處相接觸。

尾 繁殖期尾部呈圓型，而且相當狹窄。

繁殖 繁殖期要為他們準備巢盤，巢盤的大小是繁殖中的重要因素，在交配時，不要讓羽毛粗糙的暗黃色鳥互相交配，而用暗黃色鳥與黃色鳥交配，因為黃色鳥的羽毛比較柔軟。

飼養方法 可用餵食金絲雀的種子混和飼料、綠色食物餵養邊境金絲雀，在繁殖期要增加些蛋類食物。這種鳥體質健壯，容易飼養和繁殖，整年都可養在室外籠舍中，是初次嘗試養鳥的理想鳥種。不需另外餵生色劑，只要餵食足夠的綠色食物即可，例如菠菜就是天然葉黃素的最佳來源。他們喜歡在棲木之間來回跳躍。有一種較小型的邊境金絲雀，稱為橫笛金絲雀，近年來十分流行。

特徵

身長：14公分。
平均壽命：10年。
兩性差異：需進行專業鑑定；雄鳥會鳴唱。
繁殖：孵化期為14天；14天後羽毛長成。
幼鳥：與成鳥相似。

羽色 「輕度雜色」種，身體大部分為淺顏色的羽毛。

變種 邊境金絲雀有許多顏色不同的變種，其中包括白色、肉桂色、綠色和雜色。

暗黃雜色的邊境金絲雀的雄鳥

冠金絲雀(GLOSTER FANCY CANARY)
Serinus canaria

具 有冠羽，是新品種的金絲雀中，由具冠羽的德國金絲雀與小型的邊境金絲雀雜交產生。具冠的德國金絲雀與小型邊境金絲雀的雜交品種，最早由英國的格洛斯特郡開始培育，在1925年一次大型的展示會上首次展出。

二次世界大戰後，冠金絲雀開始流行。在金絲雀的養鳥術語中「暗黃色」和「黃色」這兩個詞所指的不是冠金絲雀的羽色，而是羽毛類型。「暗黃色」的羽毛較粗糙，體型略大，近年來比較普及，大多數金絲雀類是沒有冠羽的。

胸部 胸部較圓，胸部的羽毛平伏，給人以光滑之感。

特徵

身長：10公分。
平均壽命：10年。
兩性差異：需進行專業鑑定；雄鳥會鳴唱。
繁殖 孵化期為14天；14天後羽毛長成。
幼鳥：與成鳥相似。

冠羽 冠羽的羽毛排列的相當緊密，冠羽的長度很均勻，並沒有蓋住眼睛。

頸部 頸部較粗，與寬大的頭部配合。

羽色 羽色深、淺相間，因此又稱為雜色冠金絲雀。

飼養方法 標準的金絲雀種子混和飼料、綠色食物和軟性食物，可常用繁縷定期餵食。體格強壯，可整年養在溫暖舒適的室外籠舍中。這種鳥不需餵食生劑，價格也不貴，不需花太多錢就能買到品質好的品種，飼養上沒有太大的困難。

繁殖 為準備繁殖的雌鳥提供巢盤，絕對避免以兩隻具冠的鳥互相交配(第187頁有詳細說明)，而且以「暗黃色」品種的鳥互相交配，也會導致後代羽毛上的包囊增多，在每次換羽後鳥背上包囊都會重新出現，可與「黃色」品種雜交來防止這種難以治癒的包囊出現。

蘇格蘭金絲雀(SCOTCH FANCY CANARY)
Serinus canaria

外形優雅，19世紀在其原產地蘇格蘭非常流行，但從那以後曾銷聲匿跡了一段時間，最近一些高品質的金絲雀又開始廣為流傳；除了姿態和外型外，能在棲木上表演是另一個優點，蘇格蘭金絲雀運動起來就像在棲木與棲木之間「旅行」，時前時後的跳躍，跳躍時不用翅膀而能毫不遲疑的轉身，不過訓練這種鳥需要花不少時間，也許這也是蘇格蘭金絲雀籠養數量不多的原因。

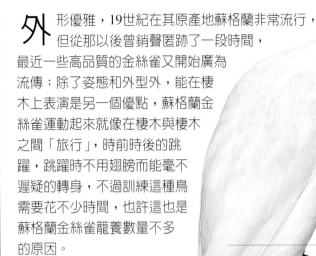

● **頭部** 長頸上的頭往前伸，使整個身體的線條顯得更彎曲。

● **羽色** 這是暗黃色羽毛的鳥，羽色比黃色的品種暗。

● **姿勢** 背部呈現明顯的曲線，因而有人把牠稱作「O型鳥」。

尾 長尾羽在棲木下方彎曲。

飼養方法 整年都可餵食金絲雀種子混和飼料、綠色食物和軟性食物。這種鳥能適應不同的氣候環境，整年都可養在室外。

繁殖 最好讓雌鳥在籠舍中的鳥屋裡繁殖，如此才能確保雛鳥的品種。

暗黃雜色蘇格蘭金絲雀的雄鳥

變種 蘇格蘭金絲雀是比利時金絲雀的後裔；小型的日本金絲雀現在也可繁殖，但數量相當稀少。

特徵

身長：17公分。

平均壽命：10年。

兩性差異：需進行專業鑑定；雄鳥會鳴唱。

繁殖：孵化期為14天；14天後羽毛長成。

幼鳥：與成鳥相似，但尾羽較短。

德國金絲雀(ROLLER CANARY)

Serinus canaria

1675年時這種金絲雀在德國已廣為人知，而且在哈茲山區非常流行；人們訓練德國金絲雀鳴唱整首歌曲，囀鳴聲婉轉起伏、悅耳動聽，並讓他們參加鳴唱比賽，參賽的德國金絲雀的音色純正、旋律優美，音域寬達3個音階，當然，即使是最出色的鳥也不可能掌握全部的發聲技巧。以往的人訓練「新手」鳥，通常讓他們跟著一隻稱作「校長」的鳥學唱，但現在都以播放錄音來訓練。

飼養方法 用標準的金絲雀種子混和飼料餵食，再配合德國產的油菜籽，據說這種食物能提高金絲雀的鳴唱技巧！還要餵食繁縷之類的綠色食物，及一些軟性食物。把2隻雄鳥養在同一個房間裡，但要分籠飼養以免爭鬥，這樣可以刺激雄鳥爭相鳴唱。這種鳥一旦適應新環境後，抵抗力增強，也可整年養在室外。

特徵

身長：12.5公分。

平均壽命：10年。

兩性差異：需進行專業鑑定；雄鳥會鳴唱。

繁殖：孵化期為14天；14天後羽毛長成。

幼鳥：與成鳥相似。

喙 鳴唱時，雄鳥的喙幾乎是閉著的。

姿勢 德國金絲雀的雄鳥以身體上挺的姿勢鳴唱，頭部抬起，像圖中這樣。

繁殖 提供巢盤給雌鳥繁殖。雖然德國金絲雀體質強壯，但最好還是讓他們在籠舍中的鳥屋裡繁殖，以確保雛鳥的品質。進入繁殖期後，要增加綠色食物和軟性食物的供給，直到雛鳥的羽毛長成。

腳 金絲雀用3趾抓握棲木的前方，另1趾向後，與其他雀類相似。

羽色 這是一隻雜色黃德國金絲雀，金絲雀在參加比賽時，羽色並不重要，啼唱聲才是主要的評分標準。

雜色金絲雀(LIZARD CANARY)
Serinus canaria

是現存馴養歷史最長的金絲雀，身上特別的斑紋十分易於辨認，早在1709年就出現在文獻的記錄上，雜色金絲雀也曾銷聲匿跡一段時間，目前已是相當常見的寵物鳥。羽毛是很重要的一個特點，參賽時必須隨時轉動身體，使評審能看清楚牠們背後上新月形的飾羽。

頭部 這隻帽形羽完好的金黃雜色金絲雀的頭頂上，有典型的橢圓形帽形羽，從喙基一直延伸至顱骨上。

羽色 像絲綢一般柔滑，身體兩側具成排的斑紋，形成清晰的線條。

腿部 所有的雜色金絲雀均具有深色的腿足。

繁殖 準備巢盤供其繁殖。通常描述其羽毛類型時，常用「金黃色」和「銀白色」，而不說「黃色」和「暗黃色」，為了得到最好的繁殖結果，應該以「金黃色」品種和「銀白色」品種來交配，專業養鳥者也少用具完整帽形頭紋的雜色金絲雀交配，因為會使雛鳥的帽羽過大。雖然帽形羽毛不完整的品種也可以成功的交配繁殖，但一般都以一隻具完整帽形品種與另一隻不具完整帽形羽的金絲雀交配。

帽形不完整的雄性雜色金絲雀

頭部 純黃色的羽毛中摻雜有深色羽毛。

變種 除了帽形羽完整和不完整的二種雜色金絲雀外，還有無帽形羽的雜色金絲雀，這種金絲雀的頭部無清晰的斑紋。

特徵

身長：12.5公分。
平均壽命：10年。
兩性差異：需進行專業鑑定；雄鳥會鳴唱。
繁殖：孵化期為14天；14天後羽毛長成。
幼鳥：與成鳥相似。

飼養方法 以金絲雀種子飼料、綠色食物和軟性食物餵食，參賽鳥還需餵食生色劑，而且應在剛換羽前開始餵食，以確保羽色的均勻，羽毛及斑紋也是參賽鳥很重要的一環。雜色金絲雀抵抗力強，整年都可養在室外籠舍中。

約克郡金絲雀(YORKSHIRE FANCY CANARY)
Serinus canaria

1860年代在約克郡的煤田首次培育成功，據說這種金絲雀過去的身體非常纖細，甚至能從戒指中鑽過，現代的品種體型已經大多了，但仍屬比較小型的鳥種。蘭開夏郡金絲雀、比利時金絲雀、諾威奇金絲雀都在約克郡金絲雀的培育史上佔有一席之地。約克郡金絲雀通常放在僅有一根棲木的鳥籠中展出，因為在展出期間，牠不太可能從一根棲木跳到另一根棲木，但在日常訓練中，要求一定的姿勢是必要的。

頭部 頭部應該很圓，雙眼位於中央。

羽色 這隻雜色約克郡金絲雀具暗黃色羽毛品種，翅很長，沿背部中線向下延伸，但翅尖不交叉。

繁殖 要想使約克郡金絲雀產生好的繁殖效果並不容易。與其他金絲雀類似，約克郡金絲雀的雌鳥喜歡獨自孵卵育雛，因此要把雄鳥移開單獨飼養。最好能為雛鳥提供一個較深的巢盤，因為雛鳥需要另外作保護。繁殖中常會遇到體型大小適中的鳥卻具有粗糙羽毛的問題，這時可用一隻外型和羽毛都出色，但體型相當小的雌鳥，與一隻體型大的雄鳥交配，就能產生品質令人滿意的後代，這些後代的羽毛通常不會有明顯的瑕疵。

姿勢 圖中這隻鳥的身體保持接近直立的姿勢。

特徵

身長：17公分。

平均壽命：10年。

兩性差異：需進行專業鑑定；雄鳥會鳴唱。

繁殖：孵化期為14天；14天後羽毛長成。

幼鳥：羽色比成鳥的淺，尾部和翅膀的稚羽換羽後才會加深。

飼養方法

餵食高品質的金絲雀種子混和飼料和綠色食物，在育雛期間餵食軟性食物。當金絲雀開始換羽時，要定期餵食生色劑一直到下一次換羽，否則羽色可能會不理想；這些鳥的抵抗力強，但須養在高處的鳥籠中，因為牠們會把身體隆起，優美的站姿非常重要，比賽中要求籠中的金絲雀保持向上挺立的姿勢。

諾威奇金絲雀(NORWICH FANCY CANARY)
Serinus canaria

由於外型矮矮胖胖，所以常有人把她們與英國民間傳說中矮胖的約翰·布爾相提並論。他們是在17世紀末由逃避宗教迫害的佛來芒織布工人帶到英格蘭的，從此這種鳥就代表了忠實的追隨者。諾威奇金絲雀與一種稀有的冠金絲雀親緣關係很近。

飼養方法 餵食普通的金絲雀食物即可，羽色是參賽的重要特徵，因此參賽鳥必須餵食生色劑。這種鳥相當健壯，即使在寒冷的冬季也可養在室外，但籠舍中得有溫暖舒適的鳥屋，他們不喜歡運動，是一種相當懶散的鳥。

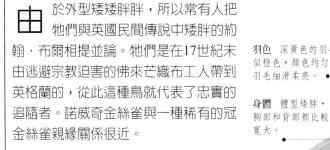

頭部 寬大的頭部使這種鳥顯得特別矮胖。

羽色 深黃色的羽毛近似橙色，顏色均勻，羽毛細滑柔亮。

身體 體型矮胖，胸部和背部都比較寬大。

尾 諾威奇金絲雀的短尾使體型更顯得矮胖。

變種 雜色黃金絲雀的羽毛深、淺相間，其圖案有多種變化。

雜色黃金絲雀的雄鳥

特徵

身長：*15.6公分*。
平均壽命：*10年*。
兩性差異：*需進行專業鑑定；雄鳥會鳴唱*。
繁殖：*孵化期為14天；14天後羽毛長成*。
幼鳥：*與成鳥相似*。

繁殖 進入繁殖期後要準備巢盤。諾威奇金絲雀並不像一般小型雀鳥那麼多產，自1920年代流傳下來的方法是用兩隻「暗黃色」羽毛（即羽毛粗糙品種）的諾威奇金絲雀互相交配，這種方法稱為「雙倍黃色」，可以使後代的體型增大，羽毛糾結的可能性也增大。

紅金絲雀(RED FACTOR CANARY)
Serinus domestica

這是在1920年代的繁殖計畫中，以黑頭紅金翅培育出來的。以往人們常只注重羽色，而忽視了外型，在現在的比賽中，外型也佔著重要的地位。

飼養方法 紅金絲雀需要餵食生色劑，食物要精心配製，尤其在換羽期間要避免在食物中混入含黃色素的物質，如綠色食物、蛋黃和油菜種子，這些食物容易使紅金絲雀的羽毛變黃，在換羽期間通常吃去殼穀粒和油菊種子、搗碎的胡蘿蔔和特殊的軟性食物，但不能吃蛋類食品，如果食物弄錯了，紅金絲雀的羽毛很可能變為橙黃色，而不是紅色，使用生色劑也很有必要，可使鳥顯示出最佳效果。這種鳥抵抗力強，適應新環境後一般都很健康，可養在室外籠舍中，在自然光下顯得更美麗動人。

眼睛 深色的眼睛與身體的艷紅色形成鮮明的對比。

羽色 羽色顏色取決於鳥在換羽期間的食物，當羽毛還靠血液供給營養時，餵食生色劑十分有效。

翅膀 翅尖顏色通常比身體的淺。

尾 尾羽的顏色比身體其他部位的淺得多。

繁殖 在繁殖期間須提供巢盤，讓紅金絲雀在籠中繁殖，以確保後代的品系。

特徵
身長：12.5公分。
平均壽命：10年。
兩性差異：需進行專業鑑定：雄鳥會鳴唱。
繁殖：孵化期為14天：14天後羽毛長成。
幼鳥：與成鳥相似。

變種 紅金絲雀的羽毛類型通常用「無霜」和「有霜」來描述，而不用「黃色」和「暗黃色」，因為暗黃色鳥的羽毛尖端反白，看起來顏色較淺。

雜色紅金絲雀的雄鳥

灰腹繡眼鳥(ZOSTEROPS)
Zosterops palpebrosa

廣 泛分布於亞、非兩洲，與分布區
內其他85種以水果為食的小型
軟嘴鳥都被視作影響農作的害鳥，不過
他們的存在也使害蟲減少了許多。
繡眼鳥嬌小動人，可成群飼養，也可
與梅花雀等小型鳥類共同飼養，是
軟嘴鳥中最受歡迎的一種
玩賞鳥。

飼養方法 以當季的水果切成小塊餵食，
並在地上撒些軟嘴鳥常吃的食物，讓他自
己取食，必要時也可以餵食罐頭水果，小
活餌是不可缺少的營養補給品，繁殖期時
還須餵食花蜜。很容易受涼，所以在羽毛
發育還不完全時千萬不要養在室外。
須準備一個淺水洗器，每天替他們輕輕的
噴灑溫水。

眼圈 眼周這一圈白毛是最與眾
不同的特徵。

喙 喙狹長而尖，能啄入
水果或花中，還能捕食昆蟲。

羽色 多數品種的羽毛都
為黃中帶綠，不同品種間
很難區分。

腳 腳部比較纖細，在樹枝變硬後
應常更換新鮮的的棲木。

繁殖
繁殖期時須提供合適的巢材，
雄鳥在進入繁殖後才會啼唱，
他們喜歡在灌叢中築巢，因此鳥舍中應
栽種一些植物，繡眼鳥不屬於健壯的鳥
類，應為他們準備過冬場所。

雄性吉庫尤繡眼鳥

變種 原產於非洲的吉庫尤繡眼鳥
的眼圈較為寬大，可與他種
繡眼鳥區分。

特徵
身長：17公分。
平均壽命：10年。
兩性差異：需要進行專業鑑定；雄鳥僅在
繁殖期間鳴唱。
繁殖：孵化期14天，14天後羽毛長成。
幼鳥：與成鳥相似。

火簇擬啄木(FIRE-TUFTED BARBET)
Psilopogon pyrolophus

在 亞、美、非三洲熱帶氣候區廣泛分布的五色鳥類之一，原產於馬來西亞和蘇門答臘的茂林中，為叢林鳥類，應把牠們養在植物茂盛的鳥舍中。

特徵

身長：25公分。
平均壽命：8年。
兩性差異：需要進行專業鑑定。
繁殖：孵化期14天；20天後羽毛長成。
幼鳥：羽色比成鳥的暗淡。

面部 喙周圍長有十分獨特的羽毛，這是所有五色鳥共同的特徵。

喉部 喉部的黃斑和粗壯的喙，表示和大嘴鳥親緣相近。

羽色 原產於森林的五色鳥體羽微綠，來自遼闊地區的五色鳥羽色較深。

飼養方法 以切成小塊的水果和漿果飼養，也可以把九官鳥食用的小食球（其中混有飼養軟嘴鳥的食物）浸泡後餵食，補充水果不足的營養，但這些補充食品不能作為主食，否則很容易營養過剩，此外還要定期餵些米蟲(糧食中的小蠕蟲)等小活餌；鳥舍裡要放置一些水浴用的清水，不過如果牠們是在發情的興奮狀態下，水浴後常全身溼透而飛不起來，很容易著涼，養在室外鳥舍中的尤須特別注意。冬天時最好將這種不耐寒的鳥置於室內過冬；火簇擬啄木會攻擊別的鳥類，最好將牠成對分開飼養。

繁殖 在進入繁殖時準備好巢箱或中空的圓木，牠們會以強有力的喙把這些東西啄開，在內部築巢，要特別注意雄鳥是否有攻擊雌鳥行為。

腳 成鳥具有腳鱗。

變種 南非擬啄木是很喜歡吃昆蟲的熱帶鳥類，因此要在鳥食中增加無脊椎動物；繁殖方式也與火簇擬啄木有別，不以巢洞繁殖，而是在鳥舍的地上挖掘繁殖坑道，因此在雨季要慎防鳥舍水災。

雄性南非擬啄木

紅耳鵯(RED-EARED BULBUL)
Pycnonotus jocosus

鵯科鳥類約有120個種，大多分布於亞洲和非洲，其中有12種是為人所熟知的玩賞鳥，紅耳鵯的分布範圍自印度到亞洲東南部和中國，是很容易飼養的軟嘴鳥，盡管牠們的羽色並不鮮艷，但仍不失為美麗動人的鳥，而且牠們的鳴唱也很動聽，頭部還有具條紋的冠羽。

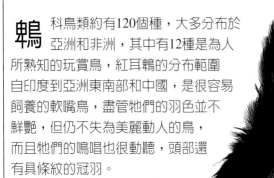

冠羽 總是保持聳立的冠羽，十分醒目。

喙 略具鉤形的喙，適於採摘漿果、捕食底層林叢的小昆蟲。

頰 臉頰的紅斑是最大的特徵，也是名稱的由來。

羽色 背部為灰中略帶黃褐色，腹部主要為白色，僅靠近尾部處為紅色羽毛。

飼養方法 以水果和一般軟嘴鳥常吃的食物飼養，並以小活餌和九官鳥所吃的小食球浸泡過後餵食；居住在栽種植物的鳥舍中會十分自在，適應環境後只要在溫暖、乾燥的鳥舍裡就可以過冬，但冷天仍須把羽毛發育不全的幼鳥放在室內，以免著涼。

雌雄差異 通常雄鳥會發出啼聲求偶，並向雌鳥展示腹部的紅色羽毛，但仍須藉由專業鑑定方式才能分別雌鳥和雄鳥。

雄性黑喉紅臀鵯

繁殖 喜歡成群生活，因此觀察牠們的交配繁殖也是區別雌雄鳥最好方法之一，繁殖期時可在鳥舍的頂篷下準備足夠的灌木，讓牠們用草梗、羽毛和樹葉在灌叢中搭建杯狀巢，通常一窩產 4 枚蛋，自己能稱職的育雛，但育雛時遇到干擾容易棄巢而去。

特徵

身長：22.5公分。

平均壽命：8年。

兩性差異：需要進行專業鑑定。

繁殖：孵化期14天；20天後羽毛長成。

幼鳥：羽色比成鳥的暗淡。

九官鳥(GREATER HILL MYNAH)
Gracula religiosa

模 仿人類聲音最清晰的玩賞鳥之一，在亞洲地區已經飼養了好幾個世紀，但在籠養狀態下繁殖九官鳥十分困難，隨著飼養方法的不斷改進，現在已有越來越多的飼養者，把興趣轉到這種鳥的繁殖上。九官鳥活潑可愛的個性，使牠們很適合在鳥舍中生活。

特徵

身長：30公分。
平均壽命：8年。
兩性差異：需要進行專業鑑定。
繁殖：孵化期14天；20天後羽毛長成。
幼鳥：羽色比成鳥的暗淡；肉垂不明顯。

飼養方法 以切成小塊的水果和軟嘴鳥常吃的食物餵食，並讓九官鳥吃小食球和無脊椎動物，例如糧食中的小蠕蟲。長期籠養的九官鳥很容易發胖，因此您要提供空間夠大的鳥舍，而不是標準的盆式籠子。不要把九官鳥與小型雀鳥養在一起，否則九官鳥很可能會吃掉牠們。雖然九官鳥能在室外生活，但牠們還是討厭潮濕、多霧的天氣，所以要定期沐浴，尤其是養在室內的九官鳥，必要時還要沖洗棲木或更換，以使腳部感染的可能性降低。

繁殖 為準備繁殖的鳥提供巢箱、嫩樹枝之類的巢材，使牠們能築巢產卵。雛鳥孵出後須餵食小活餌，注意雛鳥離巢的情形，否則當親鳥決定再度繁殖時，很可能會襲擊這些後代。

●**肉垂** 裸露的肉質皮膚在某幾種九官鳥中特別突出。

●**羽色** 九官鳥的黑色羽毛在陽光下顯現出紫色和綠色的光澤。

●**翅膀** 飛羽上具白斑。

紫色輝椋鳥(PURPLE GLOSSY STARLING)
Lamprotornis purpureus

身體具有條紋，外型動人，在鳥舍中很容易飼養，他們的羽毛在陽光下發出美麗的閃光。還有另一種與紫色輝椋鳥相似的小長尾輝椋鳥也很容易買得到，但要較費心照料。紫色輝椋鳥富攻擊性，常攻擊小型鳥類，為了繁殖，應把成對紫色輝椋鳥單獨飼養。

眼睛 紫色輝椋鳥的眼睛為耀眼的黃色。

羽色 羽毛的光澤依光線的不同變幻出青銅、紫各種色彩。

飼養方法 可用切成小方塊的水果、軟嘴鳥常吃的食物、浸泡過的九官鳥專用小食球及一些小活餌餵食。這種體格強健的鳥喜歡成對生活在四周種有植物的鳥舍中。牠們喜歡洗浴，讓羽毛保持良好的狀態。如果移到室外鳥舍中，要注意不要讓牠們被雨水浸溼。如果養在室內，可在牠們身上撒些水，保持牠們天然的防水本能。

腳 容易失去爪，而且容易受到凍傷，所以應鼓勵牠們使用鳥舍中的庇護所築巢。

繁殖 準備繁殖時請提供內附嫩樹枝的巢箱。雛鳥一旦能自己進食，就要移開，否則親鳥會襲擊牠們。

羽色 灰頭椋鳥的羽毛不僅柔軟，而且色調柔和，非常美麗動人。

雄性灰頭椋鳥

特徵

身長：22.5公分。
平均壽命：10年。
兩性差異：需要進行專業鑑定。
繁殖：孵化期16天：21天後羽毛長成。
幼鳥：羽色比成鳥的暗淡。

變種 灰頭椋鳥為亞洲鳥種，需要比紫色輝椋鳥更精心的護理。僅憑肉眼觀察就想把灰頭椋鳥的雌雄鳥區分開是不可能的，但可用其他方法進行性別鑑定，這將能保證您擁有一對可進行繁殖的雌雄鳥。

紅嘴相思鳥(PEKIN ROBIN；RED-BILLED LEIOTHRIX)
Leiothrix lutea

是　一種鶲亞科雀鳥，雄性會發出婉轉的鳴唱，非常悅耳動聽，因此在繁殖期的雄鳥和雌鳥很容易區分。這種鳥在亞洲南部的印度和中國都很常見，同類的銀耳相思鳥照顧方法也與紅嘴相思鳥相似。飼主可在每次走進鳥舍時，都用小蠕蟲之類的食物討好牠們，不久就會變得很馴服，常常期待主人帶禮物來到，對主人的態度親密而且變得大膽起來。最好不要把牠們與較小的雀鳥混養，因牠們有偷蛋的習性。

特徵

身長：15公分。

平均壽命：10年。

兩性差異：需要進行專業鑑定；雌鳥眼先偏灰。

繁殖：孵化期14天；14天後羽毛長成。

幼鳥：羽色較暗。

喙　喙基部的顏色比端部的深。

眼先　雌鳥眼先周圍的顏色常較灰。

羽色　喉部和胸部的黃羽毛有深淺變化，和性別特徵無關。

翅膀　即使翅膀收攏，翅上的金色和茶色也清晰可見。

繁殖　在鳥籠中放幾盆冷杉可以誘使牠們築巢，也可以讓牠們直接利用虎皮鸚鵡專用的巢箱築巢，相思鳥會自己在巢裡舖上苔蘚和樹葉。產下的蛋為藍綠色，上有深色斑點，交配的繁殖鳥一起孵蛋、育雛，育雛期要多幫牠們補充蛋食和小活餌，這樣才能增加孵化成功的數量，雛鳥的羽毛長成後，親鳥會再次築巢。

飼養方法　這種軟嘴鳥通常吃水果、無脊椎動物，也吃一些加那利子。有時還吃浸泡過的黍穗。這種鳥原本生活在森林中，因此牠們喜歡有許多遮蔭的鳥舍。冬季要另外為牠們保暖。

白冠噪鶥(WHITE-CRESTED JAY THRUSH)
Garrulax leucolophus

噪 鶥屬的一種,性情活潑可愛,囀鳴聲悅耳動聽,分布於亞洲東南部至中國南部的廣大區域,這種原產於山林的鳥類喜歡在植被繁茂的鳥舍生活。

冠羽 白色的冠羽幾乎都是聳立著。

過眼紋 主要為黑色,有些噪鶥眼紋略帶褐色。

羽色 下半身具有十分醒目的褐色羽毛。

繁殖 如果要有好的繁殖成果,就要從外型和染色體兩方面選擇來交配。把牠們養在植被繁茂的鳥舍,可鼓勵這些鳥築巢,鳥舍裡的針葉樹常被白冠噪鶥選作繁殖地點,因為這種鳥在野生環境下就是在這類樹枝上搭建杯狀巢。在繁殖期間,要使干擾減到最小,否則牠們會棄巢或吃掉雛鳥。育雛期要充分的餵食小活餌,小活餌可撒在鳥舍的地上,迫使雛鳥的父母分心覓食,這樣可防止親鳥因不耐煩而襲擊雛鳥。

飼養方法 以一般軟嘴鳥的食物、浸泡過的九官鳥專用小食球、切成小方塊的水果、一些種子和各種無脊椎動物餵食白冠噪鶥和其他各種噪鶥。適應之後就不容易生病,變得強壯。噪鶥是攻擊性較強的鳥,在繁殖期時更是如此,如果您計劃讓一小群噪鶥繁殖交配,一定要注意牠們之間的攻擊行為,要把較弱小的鳥分出來另外飼養,以免受到傷害。

特徵

身長:30公分。

平均壽命:10年。

兩性差異:需要進行專業鑑定:雌鳥的羽冠較小,顏色較灰。

繁殖:孵化期13天;21天後羽毛長成。

幼鳥:羽色比成鳥的暗淡。

藍冠蕉鵑(HARTLAUB'S TOURACO)
Tauraco hartlaubi

蕉 鵑類原產於非洲，藍冠蕉鵑分布於肯亞和坦尚尼亞。這種鳥顏色鮮艷，適於籠養觀賞，如果條件適宜，就很容易繁殖。

冠羽 冠羽的形狀和顏色每隻鳥都不同。

眼圈 顏色的深淺不同。

繁殖 想獲得好的繁殖成果，就要把各對鳥分開飼養。牠們需要敞口的柳條籃之類的平台來築巢，雌鳥會在其中產卵，並在其用嫩枝和類似的材料舖墊。要小心不要讓雌鳥在產卵前被其配偶雄鳥粗暴的追逐，如果雄鳥不停的追逐雌鳥，就要把雄鳥的翅膀夾住，讓雌鳥能得到安靜。每對藍冠蕉鵑都可能會在同一個繁殖季兩度築巢，但通常每窩只產 2 枚卵。

變種 頰上的白斑正是白頰冠蕉鵑名字的由來。

雄性白頰冠蕉鵑

喙 寬大的喙適於啄食漿果，可以張得很大，能把水果整個吞下。

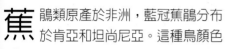

特徵

身長：40公分。
平均壽命：12年。
兩性差異：需要進行專業鑑定。
繁殖：孵化期20天；28天後羽毛長成。
幼鳥：喙的顏色深；羽色比成鳥的暗淡。

翅膀 翅上的紅色是色素沈積的結果，只有蕉鵑類的翅膀上有這種特徵。

尾 這個種別的尾羽是綠色的，其他蕉鵑的尾羽以藍紫色為主。

飼養方法 可用切成小方塊的水果，在綠色食物上撒上軟嘴鳥愛吃的食物、軟嘴鳥專用小食球來餵食，牠們不喜歡吃小活餌。提供有充分的飛行空間的大鳥舍，至少要有3.6公尺長。牠們能夠忍受嚴寒，但腳爪容易受凍，所以仍要有可避寒的地方供棲息。

白領鳳鶥(WHITE-COLLARED YUHINA)
Yuhina diademata

共有10個種別,均產於亞洲,活潑可愛,容易適應籠養環境。雖然羽色並不艷麗,但也不失動人之處,常常炫耀自己別具特色的冠羽,雄鳥的鳴唱也很動聽。雖然能與小型雀類及其他的軟嘴鳥和睦共處,但卻無法與自己的同類群居,因此最好把牠們成對分開飼養。

飼養方法 以切成小塊的水果和漿果餵食,並在地面上撒些精細的軟性食物、蚜蟲之類的小活餌讓牠們自己覓食,牠們偶爾也吃花蜜,所以可在食物中添加少量的花粉顆粒。野生的白領鳳鶥從花間吸食花蜜時,有為植物傳粉受精的作用。要準備植物生長茂盛的鳥舍,種一些一年生的旱金蓮屬植物,這類植物可吸引蚜蟲。這種鳥抵抗力不強,因此天氣寒冷時要養在溫暖的室內。

冠羽 冠羽的前端通常是尖的,白領鳳鶥的冠羽後面有白色羽毛。

喙 狹窄的喙適於吸食花蜜。

羽色 當白領鳳鶥在下層林叢中覓食時,灰、褐、白相混的柔和羽色是很好的保護色。

雄性栗頭鳳鶥

變種 栗頭鳳鶥的冠羽不如其他同類突出。

特徵

身長:13公分。

平均壽命:7年。

兩性差異:肉眼很難辨別雌雄鳥;雌鳥的冠羽較短,鳴唱也比雄鳥少。

繁殖:孵化期13天;15天後羽毛長成。

幼鳥:羽色比成鳥的暗。

繁殖 準備繁殖時應提供草和苔蘚,讓牠們自己搭建杯狀巢,這種鳥每窩可產3-4枚卵。在育雛期要充分供應小活餌,確保雛鳥的羽毛能正常發育。當雛鳥能獨立進食時,請把牠們與成鳥分開飼養。

藍頸唐加拉雀(BLUE-NECKED TANAGER)
Tangara cyanicollis

唐加拉雀有200個種，從加拿大到阿根廷都有分布。唐加拉雀因其羽色而成為養鳥業中非常流行的鳥。藍頸唐加拉雀分布於南美北部地區。這種鳥容易飼養，尤其當牠們適應環境後更是如此，但在天氣寒冷時，得提供取暖設施。

飼養方法 唐加拉雀的食物是各種切成小方塊的水果和漿果，此外可撒些高品質的軟嘴鳥食物。牠們也喜歡吃花蜜，尤其是剛買來的新鳥。開始築巢繁殖時一定要餵食小活餌。請把唐加拉雀養在栽種有植物的鳥籠裡。有的鳥生來就比別的鳥膽怯，因此如果養一小群唐加拉雀，要注意觀察牠們之間有無攻擊行為。有一對鳥開始交配後，最好把別的鳥從該鳥籠中移開，因交配後的鳥會變得極富攻擊性。牠們喜歡經常洗浴，以保持羽毛的潔淨無瑕。

頭部 根據這種鳥頭部的顏色，而稱牠作藍頸唐加拉雀。

翅 這種唐加拉雀的翅膀顏色在純黃色和黃綠色之間變化。

繁殖 請提供一些適合牠們的巢址，如灌叢或中空的圓木，讓牠們搭建起自己的巢。再為牠們準備草、苔蘚及樹葉之類的巢材，在進入繁殖期後盡量避免不必要的干擾。唐加拉雀會在短時間內連續產2－3窩卵。

脅腹部 藍色羽毛也出現在脅羽上。

變種 栗頭唐加拉雀在其分布的中美洲至南美北部有數個亞種，羽色有相當大的變化。

雄性栗頭唐加拉雀

特徵

身長：12.5公分。

平均壽命：8年。

兩性差異：需要進行專業鑑定。

繁殖：孵化期14天；20天後羽毛長成。

幼鳥：羽色比成鳥的暗淡。

易變花蜜鳥(VARIABLE SUNBIRD)
Nectarinia venusta

很 少有鳥身上的斑紋和羽色能勝過花蜜鳥。牠們是舊大陸的一種與蜂鳥很相似的鳥，但已失去了長途遨翔的能力。但牠們飛行起來仍很敏捷，並能停棲在樹枝或莖、梗上離花近的地方，用狹長的喙取食花蜜。

喙 喙尖而略彎曲，適於從花中吸食花蜜，這種鳥的舌頭比喙還長。

雄鳥羽色 雄鳥頭部和背部的羽毛，都閃閃發亮。

雌鳥羽色 與雄鳥相比之下，雌花蜜鳥看起來都是黃灰色的，因此很難將不同種區分開來。

繁殖 繁殖時，易變花蜜鳥也許會用纖細的草和蜘蛛網築巢。在繁殖季要把各對繁殖鳥分開飼養，因為雄鳥之間會彼此進攻。

飼養方法

餵食花蜜和昆蟲，例如果蠅，亞洲花蜜鳥比非洲花蜜鳥更喜歡吃昆蟲。此外還要在牠們的食物中加入切成小方塊的水果和精細的軟嘴鳥食物，並需餵食生色劑。氣候溫暖時可養在室外一段時間，但冬天要把牠們移回室內。

特徵

身長：10公分。

平均壽命：7年。

兩性差異：雌鳥的羽色比雄鳥的暗淡得多；羽毛以橄欖綠和灰色為主。

繁殖：孵化期14天；14天後羽毛長成。

幼鳥：與雌性成鳥相似。

變種 赤胸花蜜鳥是所有花蜜鳥中最容易飼養和繁殖的種類。

雄性赤胸花蜜鳥

紅嘴鵎鵼鳥(RED-BILLED TOUCAN)
Ramphastos tucanus

俗 稱大嘴鳥，巨大的喙使這種鳥的外表看上去一副頭重腳輕的樣子，十分突兀，其實牠們的喙相當的輕，內含長有毛邊的長舌頭，方便牠食取遠處的水果和小動物，鵎鵼鳥偶爾也以喙作戰，這一巨大喙進化的原因至今仍是個謎。

特徵

身長：45公分。
平均壽命：10年。
兩性差異：可憑肉眼辨識，雄鳥的喙比雌鳥的大得多。
繁殖：孵化期19天；50天後羽毛長成。
幼鳥：羽色比成鳥的暗淡。

繁殖 大而中空的圓木是理想的築巢地點，但一定要把圓木安全的固定在原處，否則滾動的圓木會壓傷鳥蛋和雛鳥，也可以使用大巢箱，繁殖時須注意雄鳥是否侵擾雌鳥，最好多佈置讓雌鳥能不受騷擾、安心取食的場所。

喙 巨大而色彩詳艷的喙是與其他鳥類的最大區別，受干擾時，巨喙也可能被作為武器。

面部 眼周的藍暈向下延伸到喙上。

飼養方法 以切成小塊的水果、軟嘴鳥鳥食、小食球，及米蟲、麵包蟲、蝗蟲及葉綠蠅的幼蟲等較大的蠕蟲餵養。由於體型較大，所以需要較大的鳥舍，還要有充足的保暖設備，鳥舍中的棲木要牢牢固定，使其停棲或活動時不至損傷喙；須單獨飼養，否則牠們會吃掉體型比自己小的鳥；如果讓牠們在潮濕的地方待得太久，很容易罹患呼吸道疾病。

羽色 淺色的胸部是紅嘴鵎鵼的特徵，除胸部和尾上覆羽以外，其他部分均為有光澤的黑羽。

尾 在野外睡覺時常將尾羽部垂直豎起，使身體能藏進小樹洞中，安全的躲開捕食者。

淡綠虎皮鸚鵡(LIGHT GREEN BUDGERIGAR)
Melopsittacus undulatus

這 是英國產的虎皮鸚鵡。虎皮鸚鵡（又名阿蘇兒），最早的顏色變異出現在1950年間，而人們對虎皮鸚鵡產生濃厚的興趣起始於1970年代，由於欣賞標準的變化，今天馴養的虎皮鸚鵡已長得比澳大利亞野生種大得多，是現今世界上最流行的寵物鳥，數量多達數百萬隻，有成千上萬個不同顏色的品種。

頭部 成鳥的前額是黃色的，雛鳥的前額具橫紋。

胸部 胸部的顏色最淺。

繁殖 如果想培育出特殊羽色的鸚鵡或參展鳥，就不可成群養在一起，放任牠們隨意交配繁殖，而應把繁殖鳥單獨飼養，這樣才能保證雛鳥是所需的品種。通常一隻雄鳥可與幾隻雌鳥交配，需一年時間才能有繁殖能力，首次把一對繁殖鳥放入繁殖籠時，要關閉巢箱的入口約1周左右，這樣可防止雌鳥躲入巢箱，確定有交配行為。不要在繁殖期開始後的繁殖群中加入新鳥，否則會發生攻擊行為。

飼養方法 以小米和普通的金絲雀飼料混合、綠色食物及香甜可口的蔬菜，餵一些碘塊，可讓甲狀腺功能正常。虎皮鸚鵡是天生的群居型鳥類，成群生活時和睦相處，很少發生爭鬥，應準備足夠的新鮮樹枝作棲木。

變種 1915年在法國出現了深色基因的虎皮鸚鵡，並由此培育出深綠色虎皮鸚鵡。

深綠虎皮鸚鵡的雄鳥

特徵

身長：18公分。
平均壽命：7年。
兩性差異：雌鳥在喙上方有褐色的蠟膜。
繁殖：孵化期為18天；35天後羽毛長成。
幼鳥：眼睛是黑色的，無白色眼圈，面罩較小，前額具橫紋；羽毛剛長成的雛鳥在背部有深色斑紋。

黃虎皮鸚鵡(LUTINO BUDGERIGAR)
Melopsittacus undulatus

又稱為魯提諾鸚鵡，是虎皮鸚鵡的羽色變種。這種虎皮鸚鵡於1870年代首次出現，但使羽色變異的遺傳機制並無法完全掌握，因此數量不多，黃虎皮鸚鵡多為雌鳥，如果用雄淡綠鸚鵡與之交配，所產生的後代常不是黃鸚鵡（參考第185頁）。

飼養方法 以虎皮鸚鵡的種子混合飼料或自己配製的飼料餵食。通常小米含量多的虎皮鸚鵡混和飼料，比加那利子含量高的飼料便宜。雛鳥孵出後要加餵浸泡過的黍穗和軟性食物。餵綠色食物須定時定量，不要偶爾大量餵一次，否則鸚鵡會因貪食而腹瀉。新鮮的繁縷和結有種子的青草也是虎皮鸚鵡喜愛的食物。適應環境後體格強健，可養在室外籠舍中。

喉部 由於體內缺乏產生黑羽毛的黑色素，因此喉部無斑點。

羽色 身體應為濃而均勻的黃色，不夾雜一絲綠羽毛。

翅膀 飛羽的顏色比身體其他部位的顏色淺。

深色眼睛黃虎皮鸚鵡的雄鳥

蠟膜 雄鳥的蠟膜略呈紫色而不是藍色。

變種 深色眼睛黃虎皮鸚鵡的眼睛顏色深而且純正，很容易與別的鸚鵡區分。這個品種起源於1940年代，是丹麥的雜色品種產的隱性基因純合體後代。至今數量仍比黃虎皮鸚鵡少得多，很容易從外形上鑑定性別。

特徵

身長：18公分。
平均壽命：7年。
兩性差異：雌鳥喙的上方有褐色蠟膜。
繁殖：孵化期為18天；35天後羽毛長成。
幼鳥：眼睛是紅色的，沒有眼圈；黃羽毛比成鳥的淺。

繁殖 準備繁殖時應把牠們從鳥舍中移走，安置在有巢箱的繁殖籠中，確保雛鳥的品系。蛋的形成需14天時間，在這段時間內要供應足夠的烏賊骨，使雌鳥吸收充足的鈣質來形成蛋殼。雌鳥通常獨自孵蛋，有時雄鳥也進入巢箱與雌鳥在一起。

灰翅天藍色虎皮鸚鵡(GREY-WINGED SKY BLUE BUDGERIGAR)
Melopsittacus undulatus

在 虎皮鸚鵡羽色發生變異的同時，翅上的斑紋也發生變化。1918年培育出的灰翅天藍色虎皮鸚鵡，翅上的深色斑紋比較淺，因此翅膀看起來是灰色而不是黑色的。這個品種還有其他變異，如黃棕色鸚鵡翅上的斑紋為褐色而不是黑色，還有一種黃翅鸚鵡，身體為綠色而非藍色，翅上具明顯的黃色斑紋。

飼養方法 可用標準的虎皮鸚鵡種子混合飼料或自己配製的飼料餵食，配合少量的綠色食物，浸泡過的黍穗及軟性食物是育雛期間所必需的。整年都可把這種鸚鵡養在室外籠舍中，但須有鳥屋。溫度過低時，要增加保暖設施。

繁殖 準備繁殖時，把一對繁殖鳥放入有巢箱的繁殖籠中。不要讓灰翅天藍色鸚鵡互相交配，否則後代的斑紋顏色可能會太深，反而失去這種鸚鵡的特色，解決辦法是用淺色斑紋的鸚鵡與深色斑紋的鸚鵡交配，便有希望產生斑紋顏色介於二者之間的後代，但同一窩孵出的雛鳥，也可能存在明顯的變異。

●頭部 通常是白色的，也可能繁殖出黃臉的藍虎皮鸚鵡。

●胸部 淺藍色胸部，是藍色羽毛中最淺的一種。在虎皮鸚鵡的歷史上，這種顏色最早於1880年的比利時出現，立刻大為流行。

翅膀 混雜的灰色●斑紋賦予牠們多變化的迷人外表。

尾 與翅膀相似，是清晰淺灰色。●

特徵

身長：18公分。
平均壽命：7年。
兩性差異：雌鳥的喙上具褐色蠟膜。
繁殖：孵化期為18天；35天後羽毛長成。
幼鳥：眼睛是黑色的，沒有白色眼圈，面罩較小，前額至蠟膜處具有橫紋。

蛋白石狀鈷藍翅冠虎皮鸚鵡(CRESTED OPALINE COBALT BUDGERIGAR)

Melopsittacus undulatus

虎皮鸚鵡的變異除發生在羽色上外，還有3種差異很大的冠羽變異類型，其中圓形冠羽是最突出的一種，其餘兩種分別為半圓冠羽和簇狀冠羽。這些冠羽類型可與任何羽色類型或斑紋類型相組合，因此虎皮鸚鵡變異品種的繁殖潛能很大。具冠鸚鵡最早在1920年代由澳洲的飼養者所培育，因為很難繁殖而未流行起來，通常在大型的專業展示會上，才能看到一些冠鸚鵡。

變種 這種均勻冠羽的品種是最搶手的一種，也是最難培育出的類型。

冠羽詳圖

繁殖 這種鸚鵡的遺傳基因中有致死因子（參考第183頁），因此千萬不要用圓形鸚鵡互相交配。準備繁殖的鸚鵡須提供巢箱。以圓形冠鸚鵡與品種優良的無冠鸚鵡交配，可能有希望產生一部分具冠的後代。

冠羽 這隻虎皮鸚鵡的冠羽扁平而均勻。

羽色 鈷藍色是天藍色品種中，由單一的深色基因造成的，這種顏色一直很受歡迎。

斑紋 羽毛為蛋白石狀，頭部的斑紋比較淺，翅膀上的斑紋亦如此。

特徵

身長：18公分。
平均壽命：7年。
兩性差異：雌鳥喙上有褐色蠟膜。
繁殖：孵化期為18天；35天後羽毛長成。
幼鳥：眼睛為黑色，無白色眼圈，面罩較小，前額至蠟膜具橫紋。

飼養方法 以標準的虎皮鸚鵡種子混合飼料餵食。很容易照料，參展時可用乾淨的軟毛牙刷之類的小刷子略為梳理。這種鸚鵡適應環境後都很健壯，可養在室外籠舍中。

灰虎皮鸚鵡(GREY BUDGERIGAR)
Melopsittacus undulatus

這 種灰鸚鵡曾經兩度出現，只能以複雜的遺傳測試方法來加以區別，目前僅存帶有顯性基因的一種存活下來。這種鸚鵡最早出現於1930年代的澳洲，1933年首次出現在英格蘭的隱性變異類型，由於繁殖率太低，數量急劇下降，在1940年左右絕種。

眼睛 與大多數成年虎皮鸚鵡相似，瞳孔周圍有一圈白色的虹膜。

頭部 寬大的頭部是參展虎皮鸚鵡的典型特徵。通常參展鳥的體型比一般寵物鳥大。

面罩 已經經過修整，這個程序可使斑點更加突出醒目。

特徵

身長：*18公分。*

平均壽命：*7年。*

兩性差異：*雌鳥有褐色蠟膜。*

繁殖：*孵化期為18天；35天後羽毛長成。*

幼鳥：*眼睛為黑色，無白色眼圈；面罩較小，前額至蠟膜具橫紋。*

繁殖 繁殖條件與其他虎皮鸚鵡相似。如果計劃培育出參展的種鳥，最好只保留少數幾對品質優良的鸚鵡，不要以低品質的鳥大量繁殖。須準備巢箱及足夠的空間，幫助於牠們適應環境，提高受精率。和灰鸚鵡有關的羽色組合相當常見，美麗動人的黃臉鸚鵡、黃棕色鸚鵡和蛋白石狀白翅灰鸚鵡都有可能培育出來，圖中是平常所見的灰鸚鵡，基本上屬於藍鸚鵡系列。以灰鸚鵡與淡綠鸚鵡雜交可產生灰綠色鸚鵡，外型與橄欖色鸚鵡類似，但可從黑色尾羽與橄欖色鸚鵡的深藍色尾羽區別。

腳 灰色的腳讓這隻鳥增添了不少吸引力。

飼養方法 灰鸚鵡對食物的要求很簡單，餵食一般的虎皮鸚鵡食物即可，參展前不可餵食胡蘿蔔，否則胡蘿蔔的汁液可能會弄髒臉部的羽毛。虎皮鸚鵡是群居型鳥類，喜歡成群生活，適應環境後相當健壯，如果籠舍內有溫暖舒適的鳥屋，整年都可養在室外籠舍中，不需要另外人工取暖。但如果想讓牠們在天氣寒冷時繁殖，仍需額外為牠們取暖。

隱性雜色藍紫虎皮鸚鵡(RECESSIVE PIED VIOLET BUDGERIGAR)
Melopsittacus undulatus

屬 於較小的虎皮鸚鵡品種，一直非常受歡迎。這種雜色變異類型源於斯堪地那維亞，1932年首次在丹麥展出。特徵在於形成面罩的斑點數目變化很大，有時完全沒有斑點。隱性雜色鸚鵡可用普通雜色鸚鵡互相交配產生。

飼養方法 餵食標準的虎皮鸚鵡種子混和飼料和綠色食物。與所有的虎皮鸚鵡一樣，隱性雜色鸚鵡相當健壯，但如果要在溫帶的冬季繁殖，就須在鳥屋裡提供熱源和光照。

● **眼睛** 在一般的光線下，眼睛看起來是純深紫色，看不出清晰、明顯的虹膜。

● **斑紋** 身體的雜色斑紋時有不同，大多為藍色和白色，或是綠色和黃色間雜。

特徵
◆

身長：18公分。
平均壽命：7年。
兩性差異：雌鳥喙上有褐色蠟膜。
繁殖：孵化期為18天；35天後羽毛長成。
幼鳥：眼睛為黑色，無白色眼圈，面罩較小，前額具橫紋，有的橫紋延伸到蠟膜。

◆

繁殖 準備繁殖時須從鳥舍移到有巢箱的繁殖籠中。可由普通雜色鸚鵡相互交配產生，也可與具冠鸚鵡之類的變異類型配種繁殖。成年雄鳥的蠟膜略呈紫色而不是藍色，雌鳥在非繁殖期的蠟膜為淺褐色，蠟膜隨著產卵期的接近而變深。子代雛鳥的雜色斑紋無法以繁殖親鳥的羽色來預測，有些彩色種也可能產下以白色為主的後代。

羽色 圖中 ●
這隻雄鳥的藍紫色羽毛是飼養者最動心的顏色。

變種 蛋白石狀鈷藍翅黃臉虎皮鸚鵡，是多種顏色組合中的一種：黃臉與藍色體羽的組合在虎皮鸚鵡中十分罕見。

雌性蛋白石狀鈷藍翅黃臉虎皮鸚鵡

蛋白石狀顯性雜色虎皮鸚鵡(OPALINE DOMINANT PIED BUDGERIGAR)
Melopsittacus undulatus

1935年由澳洲悉尼區的養鳥業者培育出來，直到1956年才在歐洲和北美出現。牠是一種顯性變異類型，相當容易繁殖，產生其他的顏色組合的可能性很大，例如黃棕色或深綠色。目前非常流行，而且被大量飼養，在北美常作為喜劇中的動物演員。

特徵

身長：*18公分。*

平均壽命：*7年。*

兩性差異：*雌鳥喙上具褐色蠟膜。*

繁殖：*孵化期為18天；35天後羽毛長成。*

幼鳥：*無白色眼圈；面罩較小，有時前額具橫紋。*

斑紋 雜色斑紋時有不同，有些以綠色為主，這隻淡綠色的種鳥也可能產生深綠色或橄欖色後代。

面罩 顯性雜色虎皮鸚鵡在臉的兩邊分別有 3 個斑點。

眼睛 顯性成鳥與隱性成鳥可由白色的眼圈來區分。

變種 雜色鸚鵡與藍色鸚鵡雜交可產生藍白間雜的顯性雜色雄鳥。

繁殖 準備繁殖時須準備巢箱。親鳥中只需有一隻是雜色鳥，就能產生相當比例的雜色後代，這種虎皮鸚鵡大多只含單因子雜色基因（參考第186頁），因此會產生雜色和正常的後代。雙因子的鳥價值更高，如果讓他們與淡綠鸚鵡交配，只會產生雜色後代。單因子雜色鸚鵡與雙因子雜色鸚鵡難以憑肉眼加以辨別，但可藉由雜交實驗將二者區分開來。

飼養方法 以普通的虎皮鸚鵡食物，摻入小塊的碘、砂礫和烏賊骨。他們比隱性雜色鸚鵡更溫和，是很好的寵物鳥。體質很強壯，可養在有鳥屋的室外籠舍中。

雄性的天藍色顯性雜色虎皮鸚鵡

飾片淡綠虎皮鸚鵡(SPANGLE LIGHT GREEN BUDGERIGAR)

Melopsittacus undulatus

飾片淡綠鸚鵡是最新的虎皮鸚鵡品種，於1972年首次出現在澳洲的維多利亞地區。在1980年代初期，一位澳洲飼養者在移民時把這種鳥帶到瑞士，自此在世界各地大為流行。牠們的特徵是變異發生在斑紋上，而不是身體的顏色上，飾片令這種具深色斑紋的鳥更加顯眼。

頸部 頸部的橫紋相當明顯。

喉部 斑點的中心顏色較淺。

翅膀 翅膀上幾乎沒有一般虎皮鸚鵡具有的斑紋。

特徵

身長：18公分。

平均壽命：7年。

兩性差異：雌鳥喙上具褐色蠟膜。

繁殖：孵化期為18天；35天後羽毛長成。

幼鳥：眼睛為黑色，無白色眼圈；面罩較小，前額至蠟膜可能具有橫紋。

繁殖 盡管飾片虎皮鸚鵡是顯性變種，但單因子鸚鵡與雙因子鸚鵡還是可以從外形上區分，單因子鸚鵡的斑點與普通鸚鵡不同，而與珍珠雞尾鸚鵡相似，斑點中間淺色、四周深色。雙因子鸚鵡由於翅膀上的黑色素很少，所以翅膀上的幾乎沒有斑紋。可採用顯性雜色鸚鵡交配的方式育種，有可能會產生引人注目的灰鸚鵡。

飼養方法 須餵食高品質的虎皮鸚鵡專用種子混和飼料。繁殖期間要供給親鳥足夠的營養，在幼鳥羽毛發育階段，可用軟性食物餵食幼鳥。飾片淡綠鸚鵡可適應不良氣候環境，養在有鳥屋的室外籠舍中即可。

變種 飾片淡綠鸚鵡可與藍色的虎皮鸚鵡或者飾片鈷藍色鸚鵡雜交，所產生的後代相似，只是翅膀為白色，而不是黃色。

飾片鈷藍色虎皮鸚鵡的雄鳥

雞尾鸚鵡(COCKATIEL)
Nymphicus hollandicus

雞尾鸚鵡產於澳洲,像虎皮鸚鵡一樣,在1840年代首次出現在歐洲,因為性情恬靜溫柔,而成為深受養鳥者喜愛的寵物鳥,牠們可以與他種鳥類、甚至梅花雀般的小型雀鳥混養在一起。

冠羽 求偶炫耀或情緒激動時,原本就極為顯眼的冠羽挺得更直,如圖所示。

面部 雄性成鳥面部的羽色比雌鳥鮮艷。

特徵

身長:30公分。

平均壽命:18年。

兩性差異:*雌鳥面部的羽色比雄鳥暗淡,而且尾羽下側具橫紋。*

繁殖:*孵化期18天,28天後羽毛長成。*

幼鳥:*與雌性成鳥相似。*

繁殖 雞尾鸚鵡是一種多產的鳥類,在一年四季中都有可能繁殖。不過因為低溫會降低牠們的的繁殖率,因此天氣寒冷時應把巢箱拿開不要讓牠們在寒冬裡繁殖,等天氣轉暖後再把巢箱放回鳥舍中。

尾 雌鳥的尾羽下側具橫紋。

飼養方法 以小米、加那利子、蔬果、向日葵和綠色食物餵養。牠們的抵抗力很強,可以養在用標準線規為19的網製成的鳥籠裡,一般不會毀壞木製結構。新買來的鳥身上可能帶有很多蛔蟲。在放入籠舍前應該先做驅蟲的動作。

黃化雞尾鸚鵡(LUTINO COCKATIEL)
Nymphicus hollandicus

具彩色羽毛的雞尾鸚鵡最近才出現。雜色雞尾鸚鵡在1940年代首先出現於美國的加州，黃化雞尾鸚鵡則出現在1950年代後期，由於雞尾鸚鵡是由佛羅里達州的飼養者穆恩夫人(Mrs Moon)培育出來的，因此最初的名字叫做「月光」。黃化種曾是雞尾鸚鵡中最流行的類型，但黃棕色種、白臉種、銀白種和純白種現在也非常流行。

飼養方法 愛吃較小的穀類種子、向日葵、綠色食物和水果。抵抗力較強，可以與其他的雞尾鸚鵡共養在一個鳥籠裡，並進行繁殖。購買時要注意冠羽後面是否明顯缺少羽毛，這種禿斑是由遺傳異常所造成的，某些品種的黃化雞尾鸚鵡禿斑比其他鸚鵡更明顯，購買時須小心。

繁殖 替準備繁殖的鳥提供巢箱，因為雌鳥常在同一個巢箱中產卵使有的卵受涼，如果能將繁殖鳥分開飼養，繁殖效果會更好。剛出生的雛鳥互相啄食羽毛是正常的，雛鳥能獨立取食後要將牠們移走。

特徵

身長：30公分。
平均壽命：18年。
兩性差異：雌鳥的尾羽下側具橫紋。
繁殖：孵化期18天，28天後羽毛長成。
幼鳥：與成年雌鳥相似，但尾羽較短，可依此分辨。

冠羽 雞尾鸚鵡可隨意抬高或降低牠的冠羽。

頭部 每隻雞尾鸚鵡頭部羽色或濃或淡不同，和性別無關。

羽色 體羽的顏色視品種而有所不同，把羽色最深的黃化雞尾鸚鵡稱作「金色」或「毛茛色」雞尾鸚鵡。

變種 珍珠雞尾鸚鵡於1967年在德國首次公開，牠的扇貝花紋可與其他顏色雞尾鸚鵡的羽色相結合。

斑紋 變化多端的珍珠斑紋

雄性珍珠雞尾鸚鵡的雄鳥

青綠鸚鵡(TURQUOISINE GRASS PARAKEET)
Neophema pulchella

雄鳥特徵明顯,易於分辨、羽色艷麗、容易飼養繁殖,而且天生不具攻擊性和破壞性,是養在花園鳥舍中的理想鳥種。有許多羽色不同的變種,是最流行的鸚鵡之一。

飼養方法 餵較小的穀物種子、一點點向日葵、綠色食物及結有種子的草。繁殖鳥必須分開飼養,以免發生爭鬥。對新買回來的鳥,要檢查體內是否帶有腸道寄生蛔蟲。

繁殖 繁殖鳥須準備巢箱,在一個夏季可產2-3窩卵。雛鳥能獨立進食後就把他們移走,因為如果讓他們在親鳥身邊太久,可能會受到雄鳥的攻擊。有的養鳥人把鳥籠的下半部遮住,來防止幼鳥從鳥籠的網眼中飛出而受傷。

• **雄鳥羽色** 雄鳥翅膀 上具有紅斑可以依此特徵來區別雌雄鳥。

• **雌鳥羽色** 雌鳥的羽色比雄鳥的略微暗淡,臉部的藍色羽毛較少,胸部為較深的綠色。

尾 •
繁殖期的雄鳥搧動尾羽向雌鳥炫耀求偶。

雄性黃鸚鵡

變種 左圖的黃鸚鵡是最動人的新品種之一,不同品種的雌雄區分法相同。

◆

特徵

身長:20公分。

平均壽命:12年。

兩性差異:雌鳥翅上無紅斑,羽色較暗淡。

繁殖:孵化期19天,28天後羽毛長成。

幼鳥:與成年雌鳥相似,但羽色更暗淡。

◆

鮮紅胸鸚鵡(SPLENDID GRASS PARAKEET)
Neophema splendida

近年來才開始能在人工飼養的狀態下繁殖，目前已成為數量多而普遍的鳥種，和其他幾種綠色鸚鵡一樣是初學養鳥者的理想選擇。

眼睛 眼睛比其他的鸚鵡大，因此在黃昏時也很活躍。

頭部 雄鳥頭部藍羽的面積比雌鳥的大，顏色也較深。

翅膀 翅膀強壯有力，飛行敏捷，因而很難在鳥籠中捕捉到牠們。

胸部 胸部鮮紅色的羽毛是雄鳥的特徵。

繁殖 繁殖鳥比一般鸚鵡容易進入繁殖狀態，但有時雄鳥會不停追逐雌鳥，最好將巢箱安置在鳥籠中有遮蓋處。雌鳥獨自孵卵，每天僅離巢很短的一段時間。鮮紅胸鸚鵡是多產鳥類，一個繁殖期可能會產下1窩以上的卵。當雛鳥能獨立進食後，就要從親鳥身邊移走。

飼養方法 以小米、加那利子、少許向日葵種子和去殼的穀粒為主食，再定期餵一些綠色食物和香甜的蘋果。一對繁殖鳥的飼養籠至少要有2.7公尺長。牠們的體質強健，人工飼養後會變得相當馴服，也很信任人。柔和的叫聲不會干擾左鄰右舍。

特徵

身長：19公分。
平均壽命：12年。
兩性差異：雄鳥胸部紅色。
繁殖：孵化期19天，28天後羽毛長成。
幼鳥：與成年雌鳥相似。

雌鳥羽色 仍有很明顯的綠色痕跡。

藍鸚鵡的雌鳥

變種 變種藍鸚鵡雄鳥胸部的羽色比較淺，顏色介於粉紅色和白色之間。

藍鸚鵡的雄鳥

深紅玫瑰鸚鵡(CRIMSON ROSELLA)
Platycercus elegans

這 種來自澳洲的彩色鸚鵡很容易
飼養繁殖，可連續兩次築巢，
目前已繁殖幾種不同羽色的變種，
其中以藍色為最常見。剛開始飼養
這種鸚鵡時，不要飼養無法配成對的
成鳥，最好從一對可以交配的繁殖鳥
開始，或是飼養幼鳥，這樣可增加
和鸚鵡和睦共處的機會。形成
配偶的鸚鵡十分多產，可以有
規律的繁殖20年以上，深紅玫
瑰鸚鵡與其他闊尾玫瑰鸚鵡屬
於同一類。

羽色 耀眼的鮮紅色羽毛是自然生成的，而不是以生色劑培養而來。

身體 身上鮮艷的羽色在換羽前褪色。

翅膀 翅上的扇貝圖案是玫瑰鸚鵡的典型特徵。

飼養方法 以加那利子、小米、去殼穀粒、少許向日葵種子，以及綠色食物和蔬果餵養。把這種健壯的鳥養在3.6公尺長的室外鳥舍中，鮮艷的羽色在自然光下十分美麗。

繁殖 準備提供深的巢箱和軟木，以供牠們繁殖之用。注意觀察雄鳥是否過於猛烈地驅趕其配偶，事實證明有的雄鳥比別的雄鳥更富於進攻性。如果雄鳥猛烈追逐雌鳥，可讓雄鳥離開籠舍一段時間，或剪去牠的一隻翅膀。還要注意觀察成鳥是否啄食雛鳥的羽毛，可在雛鳥背上撒些蘆薈粉制止這種行為。當雛鳥能獨自取食後，就要把牠們移走，否則成鳥想再度築巢，很可能會攻擊雛鳥。

尾 尾羽很寬，尖端也是如此。

特徵

身長：*36公分。*
平均壽命：*25年。*
兩性差異：*需進行專業鑑定，雌鳥頭部比雄鳥的小。*
繁殖：*孵化期21天，35天後羽毛長成。*
幼鳥：*羽色通常為綠色，但有的幼鳥羽毛幾乎全部紅色。*

231

台北縣新店市中興路三段 134 號 3 樓之一

貓頭鷹出版社 收

貓頭鷹讀者服務卡

◎謝謝您購買 《寵物飼養DIY-養鳥》

　　為了給您更好的服務，敬請費心詳填本卡。填好後直接投郵(免貼郵票)，您就成為貓頭鷹的貴賓讀者，優先享受我們提供的優惠禮遇。

姓名：_____ □先生　民國_____年生
　　　　　　　　　　　　　　　　　□小姐　□單身 · □已婚

郵件地址：□□□_____ 縣　　　　　　　　　鄉鎮
　　　　　　　　　　　　　　　　市　　　　　　　　　市區

_____

聯絡電話：公(0　)_____宅 (0　)_____

身分證字號：_____傳真：(0　)_____

■您的職業：□軍警　□公　　□教　　□學生　□工商業　　□服務業
□自由業及專業　　□家庭主婦　□其他_____

■您從何處知道本書？

□逛書店　　　　□書評　　　　□媒體廣告　　　□媒體新聞介紹
□本公司書訊　　□直接郵件　　□全球資訊網　　□親友介紹
□銷售員推薦　　□其他_____

■您希望知道哪些書最新的出版消息？

□旅遊指南 (勾選此項可獲得【世界深度旅遊】精美型錄)

□文史哲　　　　□社會科學　　□自然科學　　　□休閒生活
□文學藝術　　　□通識知識　　□兒童讀物　　　□其他_____

■您是否買過貓頭鷹其他的圖書出版品？　　□有 □沒有

■您對本書或本社的意見：

金披鳳玫瑰鸚鵡(GOLDEN-MANTLED ROSELLA)
Platycercus eximius

金披鳳玫瑰鸚鵡，有時簡稱 G.M.R.，來自澳洲東南部和塔斯馬尼亞，是東玫瑰鸚鵡中羽色比較艷麗的品種。這是一種世界上最流行的籠養玫瑰鸚鵡。現在飼養有各種羽色的品種，其中包括一個稀有但卻非常迷人的黃化品種，這一品種具有黃白色的身體和紅色的頭部。

特徵

身長：30公分。

平均壽命：15年。

兩性差異：雌鳥羽色比雄鳥的暗淡，頭部和胸部的紅色較淺。

繁殖：孵化期21天，35天後羽毛長成。

幼鳥：與成年雌鳥相似，但頭的背部有一塊綠斑。

喙 金披鳳玫瑰鸚鵡喙的顏色很均勻。東玫瑰鸚鵡的喙的上部顏色較淺，下部顏色較深。

頰部 雄鳥的頰部羽毛是雪白色的，雌鳥的頰部羽色較灰。

胸部 紅色羽毛與黃色羽毛在胸部相接是這種鳥的特徵之一，且存在個體差異。

背部 背部羽毛的黃色部分比東玫瑰鸚鵡要深。

翅膀 翅膀的外緣為藍色。

尾 玫瑰鸚鵡的尾羽較寬，因而也叫做寬尾鸚鵡。

飼養方法 金披鳳鸚鵡的食物與深紅玫瑰鸚鵡的相似。生活在相同類型的籠舍中，他們同樣都很健康。這兩種玫瑰鸚鵡在剛買來時，都要認真檢查腸道蛔蟲，這是在鸚鵡中很常見的寄生蟲。經過仔細檢查，才能避免把這些令人討厭的寄生蟲帶入自家的鳥舍。

繁殖 需提供深的巢箱和軟木，這種鳥將咬斷軟木用來鋪墊。雖然金披鳳玫瑰鸚鵡長至11個月就能繁殖，但最好等到牠們18個月，更成熟時再讓牠們築巢。沒必要讓這些鳥盡早繁殖，因為牠們在籠養狀態下可繁殖超過10個年頭。這種鳥天性容易緊張不安，不太容易適應居室生活。

公主鸚鵡(PRINCESS OF WALES' PARAKEET)
Polytelis alexandrae

公主鸚鵡淡雅柔和的羽色成為流行不衰的寵物鳥。
雖然難以證實，但人們還是認為公主鸚鵡在其原產地澳洲正變得越來越稀少，牠們基本上過著遊蕩生活，從一個地方遊蕩到另一個地方，有時相隔多年以後才在原來的地方出現。公主鸚鵡很適合於籠養，而且容易繁殖。有時甚至會捕獲到藍色和黃化這兩類變種。有的飼養者還成功地使公主鸚鵡產兩窩卵。雖是相當馴服的籠養鳥，但有時也很吵鬧。

喉部 喉下方為粉紅色，因此又稱為玫瑰喉鸚鵡。

特徵

身長：45公分。

平均壽命：15年。

兩性差異：雌鳥的冠和尾上覆羽的顏色比雄鳥灰暗。

繁殖：孵化期19天，42天後羽毛長成。

幼鳥：與雌性成鳥相似，但羽色較暗。

翅膀 成年雄鳥翅膀上三級飛羽的末端羽毛增大是正常現象。

雌鳥羽色 雌鳥尾羽較短，可據此特徵來辨認雌鳥。

繁殖

可在相當深的巢箱或適合的中空圓木中築巢。食自己的卵在這種鳥中很常見，您很可能會在巢中發現蛋殼碎片。在巢中放入一個塑膠做的假鸚鵡蛋。這樣鳥就不可能把蛋弄碎了，這有助於改掉吃蛋的壞毛病。還要重新檢查一下鳥的食物是否配置合理。

尾 中央尾羽特別長，甚至占了身長的一半，雄鳥炫耀時會張開尾羽。

飼養方法

飼餵小米和普通金絲雀種子的混和物，配以一些向日葵種子、綠色食物和切碎的蘋果。當公主鸚鵡適應環境後，改養在有寬敞飛行場地的籠舍中，這樣繁殖鳥才會展現出最佳狀態。要確保籠舍的地面乾淨，因為牠們喜歡在地面上覓食，骯髒的地面容易感染上腸道蛔蟲。

超級鸚鵡 (BARRABAND PARAKEET；SUPERB PARAKEET)

Polytelis swansonii

羽色鮮艷醒目，外型相當雅致，性情溫馴，飼養不久就可以從手中啄食飼料，而且不具破壞性也不吵鬧。雖然他們的天性適合放養在室內；但最好還是把這種活潑的鳥成對飼養在室外的大型鳥舍中，以免阻礙了他們的活動。

飼養方法 以加那利子、小米、蘋果和綠色食物餵食。鳥舍至少長3.6公尺，使鳥能自由的活動。超級鸚鵡抵抗力強，但要注意黴漿菌病(Mycoplasmosis)，這種病可能會引起眼睛發炎，要留意鼻腔內是否有分泌物堵塞住鼻孔，有時病鳥會有突然癱瘓的情況，可能與頭部受損有關，過一段時間後則會逐漸復元。

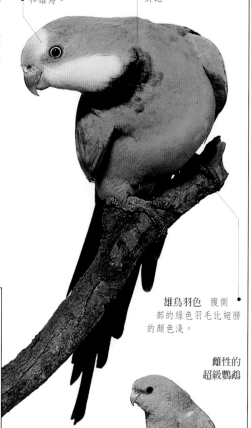

頭部 由頭部的黃羽毛可以很容易的區分雌鳥和雄鳥。

喉部 喉部鮮艷的紅羽毛與頭部的黃羽毛形成對比。

雄鳥羽色 腹側部的綠色羽毛比翅膀的顏色淺。

雌性的超級鸚鵡

面部 雌鳥面部的羽色不如雄鳥的鮮艷是雌、雄鳥最大的區別。有趣的是，雌鳥通常比雄鳥重。

雌鳥羽色 雌鳥腿部頂端有紅色羽毛，尾羽尖端為紅色。

特徵

身長：40公分。

平均壽命：15年。

兩性差異：雌鳥額部無黃色羽毛。

繁殖：孵化期19天，42天後羽毛長成。

幼鳥：與成年雌鳥相似，但虹膜為褐色而非橙色。

繁殖 提供深60公分、面積20平方公分的巢箱供其繁殖。盡可能把兩對鸚鵡養在彼此能看得見、聽得見的地方，以增加繁殖的成功率。幼鳥約在一年半後換羽，換羽會鳴唱的為雄鳥，依此特徵可分辨幼鳥的性別。

紅腰鸚鵡(RED-RUMPED PARAKEET)

Psephotus haematonotus

大 鳴聲動聽而深受歡迎的澳洲鸚鵡，相當容易飼繁殖，但美中不足的是雄鳥有攻擊配偶和後代的習性，如果可能的話，最好從幼鳥開始飼養起，來增加形成配偶的可能性，這樣比把兩隻成鳥放在一起而繁殖成功的可能性要大多了。

飼養方法 以普通加那利子混合穀物，並配合以黍穗、少許向日葵種子、綠色食物和蘋果來飼養。避免餵食過量的向日葵種子，使鸚鵡過於肥胖。這種健壯的鳥須養在有寬敞飛行場地的室外鳥舍中，以有足夠的活動空間。

繁殖 提供巢箱和軟木供其繁殖，雛鳥能獨立進食後就立刻移走，否則雄鳥會加以攻擊。幼鳥容易緊張不安，要盡量避免打擾他們。紅腰鸚鵡通常每窩產5個卵，一對鸚鵡可連續繁殖好幾次。

雌鳥羽色 雌鳥羽色暗淡而無變化，腰部也沒有紅色羽毛。

雄鳥羽色 雄鳥腰部的紅色羽毛離巢前就已生成。

尾 尾羽的表面是深色的，但尾下覆羽為白色。

變種 黃色紅腰鸚鵡是目前最常見的變種，此外還有黃化、雜色和藍色種，新的變種的類型和數量都不斷增加。

黃色紅腰鸚鵡雄鳥

特徵

身長：27公分。

平均壽命：15年。

兩性差異：雌鳥的羽毛為綠中帶灰。

繁殖：孵化期19天，30天後羽毛長成。

幼鳥：與成鳥相似，但羽色較暗。

花頭鸚鵡(PLUM-HEADED PARAKEET)

Psittacula cyanocephala

原 產於亞洲，性情寬容、不具破壞性、鳴聲悅耳，是都市中理想的花園玩賞鳥種。繁殖期的花頭鸚鵡雌鳥與雄鳥羽色相似，很難正確的配成一對，是飼養上較麻煩的問題。

繁殖 由於雌鳥幾乎整年都常攻擊配偶，因而繁殖期時雄鳥常常不敢靠近雌鳥，如果有這種情形出現，請把幾對配成的鳥互相交換一下，替每隻鳥換上新伴侶。巢箱要放在隱蔽處，並注意觀察，因為雌鳥常會中斷孵育，而雛鳥的羽毛又尚未長成，因而要特別注意雛鳥是否受涼。如果第一窩卵孵化失敗或是有雛鳥死亡，花頭鸚鵡在同年裡就不會再築巢。不過花頭鸚鵡可繁殖至20歲仍屬多產。區分雌雄鳥的方式是檢查鳥的頭羽，頭羽為梅紅色則為雄鳥。

飼養方法 花頭鸚鵡喜食混合的穀類種子、水果和綠色食物。他們和大多數鸚鵡一樣喜愛在寬敞的籠舍中生活。當他們適應環境後，身體相當強健，可整年養在室外鳥舍中。

頭部 這種典型的梅紅色頭羽是經過幾次換羽後才形成的。

翅膀 翅上的梅紅色斑紋是與近緣種的彩頭鸚鵡最大的不同。

雄鳥羽色 體羽由深淺不同的綠色羽毛構成，與其他同類的鸚鵡相似。

喙 雌鳥的喙顏色比雄鳥的淺。

雌鳥羽色 成年雌鳥頭部為灰色，無翅斑，很容易與雄鳥區分。除此之外，雌鳥羽色也以綠色為主。

尾 雌鳥尾羽尖端轉為白色，而非黃色，與彩頭鸚鵡有別。

特徵

身長：33公分。

平均壽命：25年。

兩性差異：雌鳥頭部為灰色。

繁殖：孵化期25天，50天後羽毛長成。

幼鳥：與成年雌鳥相似，但幼鳥羽毛長成後頭部為綠色。

紅額綠鸚鵡(BLUE RING-NECKED PARAKEET)
Psittacula krameri

羽色出眾，在幾個世紀前只在印度地區飼養，因歸屬於印度的統治者而十分昂貴。紅額綠鸚鵡是世界上分布最廣泛的鸚鵡，分布區從印度半島向西橫跨非洲北部，通常的綠色品種是籠養鳥中最常見的，藍色品種的飼養數量也正逐年增加，而漂亮的黃化、白化和灰色品種的情況亦如此。

喙 喙的上部為紅色，與身體的顏色形成鮮明對比。

頸部 雄鳥具頸部斑，此特徵在雄鳥 3 歲時出現。

雌鳥羽色 雌、雄鳥的羽色相同，但雌鳥沒有頸紋。

身體 藍色的深淺是染色體上隱性性狀的變異，變化不大。

繁殖 在北方氣候下通常在每年的前兩季繁殖，但整年都應準備巢箱，可以成群飼養和繁殖，但大多數飼養者為了保證雛鳥的品質，把各種變種分開飼養。

飼養方法
以鸚鵡專用食餌、穀類種子、去殼穀粒、水果和綠色食物餵養。在規劃鳥舍設施時，要記住這種鳥易受凍傷。

配偶關係 在非繁殖期，雌鳥統治伴侶。

印度紅額綠鸚鵡的雌鳥

特徵

身長：40公分。
平均壽命：15年。
兩性差異：雌鳥不具頸部的斑紋。
繁殖：孵化期24天，50天後羽毛長成。
幼鳥：與成年雌鳥相似；可能尾羽較短。

紅額鸚鵡(RED-FRONTED KAKARIKI)
Cyanoramphus novaezelandiae

現在被廣泛飼養的紅額鸚鵡，在原產地曾一度瀕臨絕種，後由紐西蘭政府開展的繁殖計劃，使這種鸚鵡的數量從1958年的103隻增加到1964年的2500隻，隨後人工飼養繁殖的紅額鸚鵡野放也獲得了成功。

飼養方法 用虎皮鸚鵡的種子食物，水果和綠色食物飼餵紅額鸚鵡。紅額鸚鵡有時也吃糧食中的蠕蟲，當牠們在育雛期間更是如此。紅額鸚鵡體質強壯，可養在室外。要保持鳥舍地面的乾燥、清潔，因為紅額鸚鵡常像小鶴那樣在地上刨食，所以不清潔的地面會使牠們容易感染上蛔蟲。

頭部 頭部具紅色斑紋是該種的特徵，但這一特徵在幼鳥中不太明顯。

羽色 身體的顏色主要為深綠色。

特徵

身長：28公分。

平均壽命：6年。

兩性差異：雌鳥比雄鳥小。

繁殖：孵化期19天，42天後羽毛長成。

幼鳥：頭部的紅色羽區較小；尾羽較短。

繁殖 很少有比紅額鸚鵡更多產的鸚鵡，每窩產9枚卵，請給幼鳥提供必要的設施，因為親鳥可能會在同年中兩次築巢。如果可能的話，最好不要讓雌鳥在同一個繁殖期撫育兩批雛鳥，因為過度繁殖會使雌鳥的身體變得虛弱。在這些鸚鵡中可培育出好幾個羽色變種，其中包括黃棕色和雜色的品種。

腳 紅額鸚鵡有攀附在鳥籠的網眼，上下運動的習慣。

頭部 頭頂的黃色羽毛是該品種的特徵。

黃額鸚鵡的雄鳥

變種 黃額鸚鵡在養鳥業中不像紅額鸚鵡那麼常見，但牠們的飼養條件是相似的，雖然黃額鸚鵡花費在地上覓食的時間不如紅額鸚鵡的長。像紅額鸚鵡一樣，黃額鸚鵡的雌鳥明顯比雄鳥小，因而很容易區分性別。

金絲翅鸚哥(CANARY-WINGED PARAKEET)

Brotogeris versicolurus chiriri

如果從幼鳥開始飼養這些美麗動人的南美鸚鵡，他們很可能會成為非常友好的、可與人為伴的寵物。年齡稍大的鳥仍然相當膽怯，但他們會很快適應籠養環境，並築巢繁殖。

飼養方法 可餵食鸚鵡食物、小的穀類種子和水果，這些是野生金絲翅鸚哥食物的重要成分，應多餵食花蜜汁液和綠色食物。這種鳥一旦適應環境後都很健康，可把他們養在室外結構牢固的籠舍中，對木製框架具有很大的破壞性，因此應準備足夠的棲木，以分散他們對木製結構的注意力。

喙 如果金絲翅鸚哥不能經常啃咬木頭，喙就會長得太長。

羽色 金絲翅鸚哥的身體是淡綠色，而與其近緣的白翅鸚哥則為深綠色，可據此將二者區分開。

翼斑 金絲翅鸚哥翅緣為耀眼的黃色。

尾 長而窄的尾羽。

變種 和其他人工飼養的鸚鵡一樣，來自秘魯和厄瓜多爾的橙肋鸚哥的性別也需要由專家來鑑定。

橙肋鸚哥的雄鳥

特徵

身長：23公分。
平均壽命：15年。
兩性差異：需進行專業鑑定：雌鳥可能比雄鳥小。
繁殖：孵化期26天，50天後羽毛長成。
幼鳥：與成鳥相似，但羽色較暗淡，尾羽較短。

繁殖 把一小群養在一起，較可能繁殖成功，但最好把所有的鳥一次放入籠中，否則他們可能會欺負後來者。把巢箱放在暗處，如隱蔽的地方，並在巢箱中放入一些木屑，他們會把木屑啄碎，在箱底鋪成軟軟的一層，產卵在上面。處在繁殖期的雌雄鳥容易緊張不安，尤其在首次繁殖時更是如此，應盡量減少干擾。

橫斑鸚哥(LINEOLATED PARAKEET)

Bolborhynchus lineola

在養鳥業中較少見，但這種來自南美的鸚鵡天性安靜，不具攻擊性，加上牠們容易繁殖，因此在籠養鳥中仍占據一席之地，是討人喜愛的寵物鳥。牠們可以和睦的生活，成群繁殖。這種鳥也有一些變種，其中最讓人著迷的是來自荷蘭的藍色品種，但這一品種目前非常稀少，也曾一度有黃棕色品種的記錄。

特徵

身長：*15公分。*
平均壽命：*10年。*
兩性差異：*需進行專業鑑定：雄鳥的橫斑比雌鳥的明顯。*
繁殖：*孵化期18天，35天後羽毛長成。*
幼鳥：*頭部藍羽顏色比成鳥的深。*

尾 尾羽短寬，逐漸變成尖細的末端。

腳 腿和腳通常為粉紅色，但爪的顏色較深。

翼斑 因翅上的黑色斑紋而得名，每隻鳥羽色不同，但不能作為鑑別雌雄的依據。

飼養方法 可餵食小穀類種子、黍穗、向日葵或小松果、綠色食物和水果等，尤其是時令漿果，牠們特別愛吃向日葵種子，但還是應鼓勵牠們吃其他種子。可補充些維生素D和K。把這種鳥養在有較多遮蔭的籠舍裡，牠們不喜歡明亮的光線，還應提供巢箱供棲息。如果從幼鳥開始養起，將會發育成一個令人驚奇的寵物，不具攻擊性。喜歡在雪中沐浴，下雪時會在籠中快樂的搧動翅膀，但籠養鳥在天氣非常寒冷時，也需要額外提供保暖設施。

繁殖 提供巢箱和木屑，如果養了一群鳥，要把所有的巢箱都放在同一高度，以免引起爭鬥。窩卵數可多達8枚。

和尚鸚哥(QUAKER PARAKEET；MONK PARAKEET)

Myiopsitta monachus

所有鸚鵡中最喜群居的種類之一，牠的繁殖行為與眾不同，在野外可依此特徵辨識，用細枝築巢，巢重達1235公克，在這個巨大的結構內，每對鳥占據單獨的巢室。因此即使在沒有樹洞的地方，這種鳥也能大量繁殖。牠們是美麗的籠養鳥，但叫聲沙啞難聽。有一種迷人的藍色變種在1945年的比利時首次出現，其羽毛為藍色，頭部和胸部雪白；另外有一種令人目眩的黃色變種，但數量稀少，也許現在已經絕種了也不一定。

頸部 頸部的灰色羽毛僅延伸至眼睛後方。

頭部 前額為灰色、具橫紋，胸部亦如此。

翅膀 翅上有明顯的藍色痕跡，這是許多品種的鸚鵡也具有的特點。

羽色 體背的羽毛為淡綠色，腹側部顏色更淺。

尾 尾羽下方顏色較淺，但尾羽的顏色為與體背相似的綠色。

飼養方法 餵食鸚鵡食物、穀類種子、水果和綠色食物。為了防止和尚鸚哥用喙啄壞鳥籠的木製結構，可養在用標準規格為16的網製鳥籠裡，籠中的鳥群應同時放入，以避免彼此發生爭鬥。

繁殖 成群飼養的繁殖效果較好。要提供足夠的樹枝，供鳥築巢。在鳥舍的頂篷下固定一個金屬網平台作為巢基，把平台固定在結實的木製框架上，這個框架要能承受鳥巢的重量，也可以提供放有細枝的巢箱供鳥繁殖。這種鳥一窩產卵可多達7枚。

特徵

身長：29公分。

平均壽命：15年。

兩性差異：需進行專業鑑定。

繁殖：孵化期25天，50天後羽毛長成。

幼鳥：前額為綠色。

紅腹鸚哥(MAROON-BELLIED CONURE)
Pyrrhura frontalis

胸部羽毛末梢的顏色是其識別特徵，因胸部斑紋而又名「鱗胸鸚哥」。紅腹鸚哥與別的鸚哥不同（第95頁），性情安靜，不具破壞性，是理想的花園籠養鳥。

眼圈 這種鳥的眼圈是白色的皮膚裸區。有些種類的眼圈可能是灰色的。

胸部 胸部羽毛末梢的顏色較淺，使鳥的外表看起來粗糙不平。

翅膀 翅上的初級飛羽是青綠色的，飛翔時很明顯。

飼養方法 餵食鸚鵡食物與較小的穀類種子的混和物，紅腹鸚哥喜食去殼穀粒、香甜的蘋果和胡蘿蔔，牠們一般對綠色食物不太感興趣。只要稍微哄哄牠們，就會變得很馴服，甚至在籠舍裡讓主人親手餵食。這種鳥體質強壯，可整年養在室外。避免把兩對鳥養在相鄰的籠舍裡，否則牠們之間會發生激烈的爭吵。

腹側部 因腹側部的淺紅色而得名。

尾 尾羽的下側為深紫色，頂端為綠色。

特徵

身長：25公分。
平均壽命：15年。
兩性差異：需進行專業鑑定。
繁殖：孵化期25天，49天後羽毛長成。
幼鳥：羽色比成鳥的暗淡，尾羽較短。

繁殖 紅腹鸚哥會在棲木上以誇張的姿態移動炫耀，大步走動而且搖搖擺擺，可不必多加理睬。當牠們準備繁殖時，請提供巢箱。這種鳥是多產的種類，每次約繁殖出5-6隻雛鳥。

掘穴鸚哥(PATAGONIAN CONURE)
Cyanoliseus Patagonus

掘穴鸚哥是最大的鸚哥類，也是最吵鬧的鳥之一。在原產地阿根廷，因有害農作而遭大量捕殺，這種鸚鵡在石灰石峭壁上鑿隧道般的洞穴，在隧道末端築巢，這種棲息習慣讓牠們很容易被捕獲。籠養時可採用人工巢箱，但須注意群體內部有否爭鬥，這種鳥還是可以成群飼養的。

眼圈 白色裸皮眼圈在繁殖期的鳥身上顯得更突出。

頭部 喙上方略帶褐色，但頭部兩側及翅下偏茶青色。

胸部 胸部白羽毛每隻鳥多少不同，這隻掘穴鸚哥的胸部並沒有白羽毛。

翅膀 沿著飛羽有藍色縱紋。

繁殖 為準備繁殖的鳥提供結實的巢箱和軟木，鸚哥將會把軟木啄碎，用來築巢，掘穴鸚哥的窩卵數較少，僅2-3枚。雌鳥獨自孵卵，但雄鳥也可能進入巢箱和雌鳥在一起。

飼養方法 掘穴鸚哥的食物是一般的鸚鵡食物和穀類種子，牠們愛吃玉米、甜的蘋果和菠菜，常把菠菜的莖葉整株都吃下，而且整年都要食入大量的烏賊骨。這種鸚哥相當健壯，整年均可養在室外籠舍裡，但要放置合適的巢箱供牠們棲息，當牠們適應環境後，不需要人為提供熱量。

特徵

身長：46公分。
平均壽命：20年。
兩性差異：需進行專業鑑定。
繁殖：孵化期25天，56天後羽毛長成。
幼鳥：喙的上方為白色。

太陽鸚哥(SUN CONURE)
Aratinga solstitialis

這種令人眼花撩亂的迷人鸚鵡，自1970年代才在養鳥業中流行開來，最初的價格很高，但太陽鸚哥十分多產，因而現在已能以合理的價格買到了。太陽鸚哥是稱職的父母，可連續兩次築巢繁殖，唯一的缺點是聲音刺耳難聽。

飼養方法 餵食高品質的鸚鵡混和飼料、較小的穀類種子、水果和綠色食物。雄太陽鸚哥適應環境後就很健康，可養在室外籠舍中，整年都應在鳥舍中放置巢箱供其棲息，在繁殖季過後要更換乾淨的巢箱，以免鸚哥感染上寄生蟲。

繁殖 為了獲得較好的繁殖效果，最好把每對鸚哥分別飼養在約2.7公尺長的籠舍中，提供結實的巢箱和小軟木，鸚哥會把軟木塊啄碎鋪在巢上。可能會遇到鳥啄食羽毛的難題，但被啄食羽毛的雛鳥不久就會長出新的羽毛。

羽色 羽色個別差異很大，有的個體羽色比較鮮艷。

翅膀 成鳥翅膀主要為黃色，幼鳥翅膀上的綠色更多。

變種 米特雷鸚哥是以綠色羽毛為主，中間雜有紅色羽毛，飼養方法與太陽鸚哥相同。

米特雷鸚哥的雄鳥

特徵

身長：30公分。
平均壽命：15年。
兩性差異：需進行專業鑑定。
繁殖：孵化期26天，56天後羽毛長成。
幼鳥：羽色比成鳥的暗淡。

桃臉情侶鸚鵡、薔薇鸚哥(PEACH-FACED；ROSY-FACED LOVEBIRD)

Agapornis roseicollis

桃 臉情侶鸚鵡來自非洲，是非常流行的玩賞鳥，這種鸚鵡羽色美麗，品種繁多，叫聲不像其他鸚鵡那麼刺耳煩人。不過情侶鸚鵡的雌雄鳥很難辨別，交配後的鸚鵡會在籠中築巢，在夏天能撫育兩窩雛鳥，幼鳥很惹人喜愛，如果飼主親自把牠餵養成成鳥，還可以教牠們學會重覆幾個單詞。

特徵

身長：15公分。

平均壽命：10年。

兩性差異：需進行專業鑑定。

繁殖：孵化期23天，42天後羽毛長成。

幼鳥：喙有深褐色斑紋，羽色比成鳥的暗淡。

飼養方法 以普通加那利子、小米、去殼穀粒和少許向日葵種子作成混和飼料作為主食，再定期餵些蘋果和菜葉、青草。適應環境後都很健壯，可養在室外鳥舍中，裡面擺放棲息用的巢箱。如果養了一對以上的鸚鵡，在兩個鳥籠之間要用雙層鐵絲網隔開，否則兩對鳥會穿過鳥籠的網眼咬傷對方。

眼圈 桃臉情侶鸚鵡眼睛周圍的一圈裸皮，不像其他情侶鸚鵡的那麼明顯。

喙 為角質層的顏色，喙基部有微血管分布而略帶粉紅色。

面部 面部顏色深淺，每隻鳥都不同。

身體 這種蹲踞姿勢更突顯出結實的體型。

尾 短而圓的尾羽與眾不同。

繁殖 進入繁殖期的雌雄鳥不需要太大的空間，91公分長的鳥籠裡就足以讓牠們築巢。曾有澳洲的飼養者發現這種小型鸚鵡能成群繁殖。必須讓所有的鸚鵡同時進入鳥籠，而且為了避免鸚鵡間發生爭鬥，巢箱要放置在同一高度。鳥舍中要放置一些纖維較老的、但是新鮮的榛(hazel or elder)樹枝，供鸚鵡撕下一塊一塊的樹皮作巢材，牠們會把枝條捲在體羽內，利用這種方法一次帶好幾根枝條到巢中。

淡藍桃臉情侶鸚鵡(PASTEL BLUE PEACH-FACED LOVEBIRD)
Agapornis roseicollis

這種藍色變種桃臉情侶鸚鵡於1963年由荷蘭飼養者皮·哈貝茲（P.Habats）首次培育成功，由於羽色美麗動人，已在世界各地被廣泛飼養著。

繁殖 變種的繁殖方法與一般品種相同，利用不同血統的淡藍桃臉情侶鸚鵡交配繁殖，可培育出許多羽色不同的後代。在其他類型的品種中，列如：淡藍情侶鸚鵡與雜色情侶鸚鵡雜交而產生的淡藍雜色情侶鸚鵡，羽色為淺的檸檬色，而不是淡藍色。如果以淡藍變種與黃化變種雜交，又會產生新羽色的克萊米諾變種，以淡檸檬色為主，淺粉色的臉部與體羽形成對比。

飼養方法 和飼養一般情侶鸚鵡的方法相同。在寒冷的日子裡要幫所有的情侶鸚鵡作保暖措施，否則牠們會因凍傷而失去腳趾，鳥舍中須準備巢箱供牠們棲息。

面部 面部大多為橙紅色。

羽色 藍色變種，但這種鳥的羽色並不純是藍色的，如圖中的鳥體羽為藍綠色，臉部為白色，通常體羽的毛色會有深淺不同的變化。

變種 黃化桃臉情侶鸚鵡的體羽為深毛茛（*buttercup*）黃色，臉部深紅，眼睛為紅色，1970年代在美國培育而成。

雄性的黃化桃臉情侶鸚鵡

尾上覆羽 這種變種的尾上覆羽為白色，與一般形的藍色不同。

特徵

身長：15公分。

平均壽命：10年。

兩性差異：需進行專業鑑定。

繁殖：孵化期23天，42天後羽毛長成。

幼鳥：喙上有深褐色斑紋，羽色比成鳥的黯淡。

偽裝情侶鸚鵡(MASKED LOVEBIRD)
Agapornis personata

羽色美麗動人，叫聲銳利而不刺耳，容易繁殖，非常適合在市郊飼養。牠們在巢箱內築巢，習性與大多數鸚鵡不同。雌鳥會獨自攜帶巢材，這種行為是區分雌雄鳥的可靠依據，雛鳥孵出時身上即被覆淺紅色絨毛，也與其他鸚鵡類的雛鳥不同。

飼養方法 以穀類種子、向日葵、水果和菜葉、青草為主食。最好將每對準備繁殖的雌雄鳥分開飼養，以免發生爭鬥，相鄰的鳥舍之間還須裝置雙層鐵絲網，讓各對鳥之間能保持一定的距離。適應環境後就會長得相當健壯，但由於易受凍傷，鳥舍內要放置巢箱供棲息。天冷時將巢箱放置在鳥舍中有遮蔽的地方。

頭部 因頭部有黑羽毛，又被稱為黑偽裝情侶鸚鵡（黃襟黑牡丹鸚哥）。

喙 具白眼圈的情侶鸚鵡都以喙來銜巢材。

眼圈 醒目的白眼圈是這種鸚鵡最大的特徵。

繁殖 放置一些新鮮的樹枝，供牠們撕下一條一條的樹皮築巢，巢比桃臉情侶鸚鵡的巢大，較接近於半球形。雛鳥能獨自進食後就移走，以便親鳥再次築巢繁殖。

變種 野生的藍偽裝情侶鸚鵡變種於1927年才公諸於世，目前十分常見。黃色和白色的變種也開始大量飼養繁殖。

藍偽裝情侶鸚鵡的雄鳥

特徵

身長：14公分。
平均壽命：10年。
兩性差異：需進行專業鑑定。
繁殖：孵化期23天，42天後羽毛長成。
幼鳥：羽色比成鳥暗淡。

灰頭情侶鸚鵡(MADAGASCAR LOVEBIRD)
Agapornis cana

自從人們能夠用肉眼鑑定這些小型情侶鸚鵡的性別，讓牠們正確配對繁殖的困難也就迎刃而解。這種情侶鸚鵡較不易適應環境，剛飼養時容易緊張不安，最好提供能充分的隱藏的場地，讓牠們逐漸適應鳥舍的環境，牠們的叫聲不致冒犯四鄰，也不會咬壞鳥舍的木質構造。

飼養方法 以黍穗、普通加那利子稻穀等小種子混合而成的飼料餵食。牠們也喜歡嗑向日葵子，此外還吃水果和菜葉、青草。灰頭情侶鸚鵡容易感染氣囊寄生蟲症，引發氣喘和呼吸障礙。這種病治療起來相當困難，要小心預防。

頭部　頭部灰色為雄鳥的特徵。

雄鳥羽色　雄鳥翅膀的綠羽毛比身體其他部位的顏色深。

腳　腳為淺灰色，具銳利的尖爪。

雌鳥羽色　成年雌鳥的體羽以綠色為主，幼鳥的喙顏色比雌性成鳥的淺，可依此區別雌鳥與幼鳥。

特徵

身長：*13公分。*
平均壽命：*8年。*
兩性差異：*雌鳥頭羽為綠色。*
繁殖：*孵化期23天，42天後羽毛長成。*
幼鳥：*喙的顏色較淺，基部為黑色。*

繁殖 灰頭情侶鸚鵡喜歡在冬季繁殖，須提供保暖設備。非常喜歡在入口處有軟樹支的巢箱，而且巢箱應懸掛在鳥舍的後邦。巢的構造比較簡單，大多以羽毛做成，每窩產4枚卵。孵卵時避免干擾，以免卵受涼。在非繁殖期時也可能整天待在巢箱裡棲息，這是正常現象，鳥舍應裝置可由開關調整亮度的人工照明設備，以便在雛鳥孵出後，延長親鳥的覓食期來撫育雛鳥。

青綠頂亞馬遜鸚哥(BLUE-FRONTED AMAZON PARROT)
Amazona aestiva

亞馬遜鸚哥共有27個不同的種，體羽以綠色為主，頭部顏色因種類不同而有差異，模倣人類語言的能力很強，但有時會發出令人難以忍受的尖銳叫聲。牠們分布區遍布全美洲，不過有些生活在加勒比群島的鳥類被已經列為世界上最瀕危的鸚鵡。

飼養方法 以高品質的混合飼料餵食，並每日供給水果和綠色食物。牠們像大多數鸚鵡一樣會啄壞鳥舍中的木質構造，因此必需以金屬建造堅固的鳥舍。在每天的拂曉和黃昏會發出很大的叫聲，十分惱人，最好的方法就是把牠們關在隱蔽處，降低噪音。

繁殖 在計劃繁殖以前，要將牠們好好安頓下來。青綠頂鸚哥的繁殖季節相當穩定，飼養在北半球的鳥會在夏初開始築巢。第一窩雛鳥必須取走進行人工飼養，才能讓牠們產兩次卵。一對青綠頂鸚哥平均可孵育三到四隻幼鳥。

面部 其他的亞馬遜鸚鵡也有類似的藍斑，不能僅以此來與其他種類區別。

頭 斑紋的大小和形狀每隻鳥都不同。

肩羽 大多數的青綠頂鸚鵡的肩部有紅斑可作為區別的特徵之一。

腳 腳部顏色比較暗，但如果爪弄斷了，周圍的皮膚顏色就會變淡。

尾 其中等長度和寬度的尾羽，末端較圓

特徵

身長：37.5公分。

平均壽命：40年。

兩性差異：需進行專業鑑定。

繁殖：孵化期28天，65天後羽毛長成。

幼鳥：羽色比成鳥暗淡，虹膜爲褐色。

黃頭亞馬遜鸚哥(YELLOW - FRONTED AMAZON PARROT)
Amazona ochrocephala

分布在中南美洲，十分常見，各品種間的差異主要表現在頭部黃羽深淺不同和體型的大小上。飼養這種鸚鵡既可用來作伴，也可訓練牠學說話。不過這類鸚鵡很容易感染呼吸道傳染病，而且不容易治癒，因此在購買前要先檢查兩邊鼻孔大小是否一致，有沒有分泌物阻塞的跡象，如果有這些症狀，表示已經染病，應避免購買。

特徵

身長：35公分。

平均壽命：40年。

兩性差異：需進行專業鑑定。

繁殖：孵化期28天，65天後羽毛長成。

幼鳥：虹膜為褐色。

頭 黃羽毛顏色的深淺依鳥種和年齡不同而有變化。

眼睛 具桔黃色虹膜者為成鳥，幼鳥的眼睛呈褐色。

羽色 與其他亞馬遜鸚鵡相似，體色以綠色為主。

飼養方法 每天餵食鸚鵡類常吃的穀物種子、水果和綠色食品，也可以常將一些保健飼料散在水果上餵食，讓鸚鵡的健康保持在最佳狀態，應把牠們養在寬敞的鳥舍中。

繁殖 雌雄不易辨別，雌鳥的頭羽顏色有時比雄鳥還鮮艷，所以也無法依頭部黃羽毛的深淺來配成繁殖鳥。繁殖時須提供較深的巢箱，繁殖鳥會變得富攻擊性，要小心。

雄性黃頸亞馬遜鸚哥

變種 黃頸亞馬遜鸚哥（*A.o. auropalliata*）的黃羽毛僅分布於後頸部，分布區位於墨西哥、哥斯大黎加和宏都拉斯。

橙翅亞馬遜鸚哥（ORANGE-WINGED AMAZON PARROT）

Amazona amazonica

外型與青綠頂亞馬遜鸚哥很類似，但體型小得多，分布區從安地斯山的東部橫跨南美洲北部。如果從幼雛開始飼養，可以和主人培養十分親密的感情，因此儘管體型小，又不見得安靜，卻愈來愈受到飼養者的青睞，同種之間較少出現顏色變異的情況，但1960年代曾有黃化橙翅亞馬遜鸚哥出現，並飼養在英國德文郡的佩音頓動物園。

特徵

身長：33公分。
平均壽命：40年。
兩性差異：需進行專業鑑定。
繁殖：孵化期27天，50天後羽毛長成。
幼鳥：虹膜為褐色。

●面部 每隻鳥面部羽毛形成的斑紋都不相同。

●翅膀 翅膀張開時，橙色飛羽會全部露出來，這種飛羽和淺色的喙是特有的特徵。

飼養方法 以鸚鵡食餌、水果和綠色食品餵食，並鼓勵牠們吃保健食品，在食譜增添花樣。須提供棲木供牠們啃咬，以免讓牠們的喙長得過長，亞馬遜鸚哥須安置在堅固而寬敞的鳥舍裡。

繁殖 一對準備繁殖的亞馬遜鸚哥最好養在長度為3.6公尺的鳥舍中。繁殖期可能特別具有破壞性，鳥舍中的木製器具要特別加以防護。雌鳥通常一次產三到四枚卵。如果由雙親自己撫育雛鳥，一定要提供質量豐富食物。通常幼鳥二、三年後開始有繁殖能力。

腳 比青綠頂亞馬遜鸚哥腳的顏色淺。

藍黃金剛鸚鵡（BLUE AND GOLD MACAW）

Ara ararauna

盡管牠們的體型很大，但如果能從幼鳥開始餵養，這種漂亮的鸚鵡也會變得非常馴服。分布區位於中美洲、玻利維亞和巴拉圭。產地不同體型大小也有差異，這種活潑的金剛鸚鵡不能養在室內，一定要另外建造一個足夠空間供牠們飛翔的鳥舍。

頭部 綠色的斑為特徵之一。

面罩 眼睛下方通常有三條深色的羽毛，當牠激動或憤怒時，微血管擴張會使黃白色部份變紅。

頭部詳圖

特徵

身長：82.5公分。

平均壽命：50年。

兩性差異：需進行專業鑑定，雌鳥的頭部較窄。

繁殖：孵化期28天，90天後羽毛長成。

幼鳥：與成鳥相似，但虹膜顏色較深。

喙 喙磨損是正常的現象，斑駁的紋通常在新組織替代舊組織以後就會消失。

羽色 體羽是牠們稱為藍黃金剛鸚鵡的由來。

繁殖 生育力較強，通常一年可以繁殖兩窩。繁殖期的金剛鸚鵡特別具破壞性，巢箱必須堅固，箱外可以加一層鐵絲防護，才能在整個繁殖期間保持完好。由於體型大，體重又重，因此應該使用磚柱或水泥柱支撐。

飼養方法 高品質的種子混合飼料、大型堅果、保健食品、水果和綠色食品。人工養大的幼鳥，可以引導牠們適應各種食物。另外建造一個寬大的飛行籠，使牠們在室內更為舒適。金剛鸚鵡是一種吵鬧焦燥的寵物鳥，待在籠中常感到厭煩，而養成拔毛症或自咬症等惡習，需細心的照料，此外強有力的喙常損壞家具，要注意。

紅綠金剛鸚鵡(GREEN-WINGED MACAW)
Ara chloroptera

這種大型金剛鸚鵡的分布區遍布中美洲的部份地區、玻利維亞、巴拉圭和阿根廷。幼鳥非常馴服，成對飼養時，只要彼此相處幾個月的時間就很容易築巢繁殖。雖然牠們的叫聲大而沙啞，但白天很少長時間的尖叫吵人。

繁殖 繁殖期須提供結實堅固的巢箱，幼鳥羽毛豐滿前，要讓牠們與親鳥待在一起。通常一窩卵數有二或三枚蛋，一對交配過的鳥進入築巢的過程後，便成為固定的配偶，可以維持數十年。

喙 雖然金剛鸚鵡的喙強壯有力，但天性卻很友善。

翅膀 此處的藍綠色羽毛與緋紅金剛鸚鵡（*A · macao*）翅上特別明顯的黃色羽不同。

面部 每隻鳥面部的羽毛形成的斑紋形狀都不同。

羽色 體羽大部分為緋紅色，幼鳥和成鳥相同。

飼養方法 以一般鸚鵡類吃的新鮮種子、綠色食品和水果餵食，定期吃各式各樣的堅果。強有力的喙，可以毫不費力的啄開硬堅果。除了提供完備的住所之外，還要擺放一些供啃咬的樹枝，這樣咬壞棲居鳥舍的可能性就少些。紅綠金剛鸚鵡比較健壯，可以安置在室內或室外的鳥舍中。

特徵

身長：90公分。
平均壽命：50年。
兩性差異：需進行專業鑑定，雌鳥頭部比雄鳥小。
繁殖：孵化期28天，90天後羽毛長成。
幼鳥：虹膜的顏色比成鳥深，在臉部生長，叉狀羽毛是栗色而非紅色。

紅肩金剛鸚鵡(HAHN`S MACAW)
Ara nobilis

金剛鸚鵡中最小的一種，外型很像錐尾鸚鵡（conures），眼周圍的裸皮延伸到喙，十分顯著而容易識別。這種鳥體型較小，無論安排

棲居的鳥舍或養在室內作伴，都比那些體型較大的鸚鵡容易照料，人工飼養的幼鳥特別溫馴，並且不太費力就可以教會說話。

面部 面部有裸皮是所有金剛鸚鵡的特點，通常為白色。

喙 呈黑色，另一種貴族品種的喙為褐色，只有尖端為黑色。

頭部 雄鳥的頭比雌鳥大而圓。

羽色 停棲落時看起來全部是綠色，翼下覆羽為紅色。

飼養方法 以高品質的鸚鵡類混合飼料為主食，配合切成塊狀的新鮮水果和蔬菜。他們也喜歡乾的或用水浸泡的黍穗，以及正值當季的新鮮石榴。養在比較堅固的木製鳥舍裡，但要另外加一層防護，以免被啄壞。鳥舍裡常年都要有一個巢箱，因為繁殖鳥很喜歡在巢箱裡過夜，在非繁殖季節也是如此。金剛鸚鵡適應環境後就會長得非常壯實，但在霜凍的寒冬夜裡，還是得把他們安置在室內，否則很可能腳被凍傷。

特徵

身長：32.5公分。
平均壽命：20年。
兩性差異：需進行專業鑑定。
繁殖：孵化期25天，55天後羽毛長成。
幼鳥：羽色比成鳥暗淡，頭部有少許藍羽毛，有些離鳥長成時翅上有一點點紅羽毛。

繁殖 紅肩金剛鸚鵡具群居天性，巢箱一定要十分堅固。二對繁殖鳥可一起在一個空間夠大的巢箱裡繁殖，但要注意有無爭鬥的現象，尤其是剛開始把二對鳥放在一起時。交配過的金剛鸚鵡一季可能產一窩以上的卵，所以在親鳥開始餵哺第一窩雛鳥時就要拿走，促使他們再次繁殖，盡管已知第一窩幼鳥留在籠中不成問題。每窩大約有4枚卵，紅肩金剛鸚鵡的產卵量比其他大型同類要多。

栗額金剛鸚鵡（SEVERE MACAW）
Ara severa

面罩 頰上面罩似的大塊裸皮，是栗額金剛鸚鵡的典型特徵。

羽色 體羽為暗綠色，這些羽毛脫落處很可能是自己啄羽所造成的。

翅膀 翅緣紅羽很明顯，在飛行中更為醒目。

尾 尾較長，像其他矮小金剛鸚鵡一樣由多種顏色組成。

雄性黃頸金剛鸚鵡

分布於巴拿馬和南美洲北部，屬於體型矮小的金剛鸚鵡類。矮小的體型和幾乎全綠的羽毛是最大特徵，常會咬壞鳥舍中一些木質的構造，因此很少人願意飼養，對一些能容忍牠們破壞性行為的飼主來說，照料牠們並不困難。

特徵

身長：40公分。
平均壽命：30年。
兩性差異：需進行專業鑑定。
繁殖：孵化期25天，60天後羽毛長成。
幼鳥：虹膜為深色。

飼養方法 以高品質的鸚鵡餌、殼物種子、水果以及綠色食品，如莙薘菜。這種金剛鸚鵡一旦適應了環境就長得很結實，可以一年四季都放養在戶外的鳥舍裡。

繁殖 和諧的配偶很容易繁殖，準備繁殖時須提供堅固的巢箱。在初次繁殖要仔細觀察，因為牠們很可能因為沒有經驗而忽視對幼鳥的照顧，導致幼雛死亡或生病。最好的方式是另外再餵給幼鳥食物，但不要把幼鳥與親鳥隔離，否則親鳥就永遠不知道怎麼照顧幼鳥了。

變種 黃頸金剛鸚鵡（*Ara auricollis*）十分具有模倣人語的天份，產於南美洲南部，是一種吸引人的金剛鸚鵡。

折衷鸚鵡(ECLECTUS PARROT)
Eclectus roratus

最初於16世紀發現，分布區從印尼、新幾内亞往南到澳洲及附近島嶼。這種鳥具有十種不同的品種，雌鳥的差異尤大，由於雌雄羽色差異很大，所以曾被誤認是兩個獨立的種。

飼養方法 以鸚鵡類喜食的穀物種子和大量的綠色食品、水果、玉米棒和胡蘿蔔等餵食。這種鸚鵡的消化道很長，因此食物中要富含大量的纖維。適應環境後，可以養在戶外的鳥舍中。

頭部 牠們的頭寬而圓，並具有一個非常彎曲的喙。

頸部 雌鳥頸羽為藍色，同色的羽毛也出現在雌鳥的腹部上。

羽色 雌鳥的體羽全部帶有紅色，隨品種不同而有或深或淺的差異，雄鳥則以亮綠色為主。

特徵

身長：35公分。
平均壽命：30年。
兩性差異：雄鳥為綠色，雌鳥略呈紅色。
繁殖：孵化期30天，75天後羽毛長成。
幼鳥：虹膜和喙均為深色。

喙 雄鳥的喙部要到第二年以後才能變成桔黃色。

斑紋 紅色斑紋延伸到身體的兩側和翼下。

雄性折衷鸚鵡

繁殖 雌鳥在非繁殖期居優勢地位，而且經常攻擊配偶。繁殖鳥須提供堅固的巢箱。一整年幾乎都可以繁殖，通常一次產兩枚卵。幼鳥離巢前可以藉著羽色來分辨雌雄，紅色的是雌鳥，綠色的是雄鳥。不過幼鳥有時可能全部為同性。例如英格蘭切斯特動物園有一對折衷鸚鵡繁殖出來的三十隻幼鳥中，只有一隻是雌的，至今仍令人難以理解。

太平洋鸚哥(CELESTIAL PARROTLET；PACIFIC PARROTLET)
Forpus coelestis

如果所能空出養鳥的空間比較有限，這種小巧可愛的鳥種是理想的選擇，牠們在較小的鳥舍中也能順利繁殖。最近在歐洲出現藍色突變型，相信不久之後就會變得越來越普遍。

頭部 頭部有藍斑的為雄鳥，雌鳥的頭部以綠色為主。

翅膀 翅上的藍色羽毛也是雄鳥的特徵。

特徵

身長：12.5公分。

平均壽命：20年。

兩性差異：雌鳥的羽色較暗，也沒有雄鳥的藍斑。

繁殖：孵化期18天，42天後羽毛長成。

幼鳥：羽色比成鳥暗；雄性幼鳥的藍羽面積較小，下背部為藍綠色，而非雄性成鳥的藍色。

喙 喙雖小，啄起人來卻很痛，和牠們接近時須小心。

羽色 除了頭部有藍斑以外，背部和翅膀都以綠色為主。

繁殖 繁殖時提供堅固的巢箱，如果同時飼養好幾對，應在飛行場之間以有縫隙的網子隔開，使每對繁殖鳥的精力集中，提高繁殖成功率。幼鳥一旦能自己進食就將牠們移走，否則可能會遭親鳥攻擊。太平洋鸚哥通常連續產卵兩次，幼鳥一周歲即可繁殖。

飼養方法 以混合種子、小米和普通加那利子，並配合葵花子、綠色食品和水果餵食。太平洋鸚哥比較壯實，可以一年四季都放在戶外鳥舍中。喜歡在巢箱中過夜，最好整年都在鳥舍中提供一個巢箱，常攻擊同類，如果飼養一對以上，應該在牠們的鳥舍之間安置兩層鐵絲網，鐵絲網須拉平，才能避免彼此接近時傷害對方的腳，用木製隔板使牠們看不見對方也是個好辦法。

藍冠短尾鸚鵡(BLUE-CROWNED HANGING PARROT)
Loriculus galgulus

這種小鸚鵡和牠們的近緣種原產於東南亞和菲律賓以北的許多島嶼上，常倒掛在枝條上棲息，所以英文名字意為「懸掛的鸚鵡」。

繁殖 當春天牠們準備繁殖時，須提供虎皮鸚鵡用的巢箱，牠們馬上就會自己在巢箱裡鋪墊東西。如果在鳥舍中栽種植物，牠們在築巢時就會啄下一些葉子，塞在羽毛裡帶到巢中。

頭部 雄鳥額頸的藍色斑點很明顯，雌鳥的則較不明顯。

喉部 通常只有雄鳥才有喉部的紅色羽毛。

翅膀 雄鳥翅上的金黃褐色斑紋面積比雌鳥大而明顯。

飼養方法 主食花蜜，與其他鸚鵡科多數鳥類的飼餌不同，要把餵食的花蜜放在窄口容器裡，以免牠們會進去洗浴而把羽毛弄得又濕又粘。還要餵綠色食品、水果和普通加那利和黍穗等殼類種子。牠們喜歡在栽種植物的鳥舍生活，而且不會對作物造成大的危害。在冷天裡要有取暖設備，牠們的進食習性很容易弄髒環境，不適合養在室內鳥籠中，生性友善可以與雀科鳴禽和軟嘴鳥養在一起。

爪 腳爪不可過長，否則攀爬時容易絆住而受傷。

變種 目前已確定有九種不同的品種，各品種的照料方法相同。其中雄性的「春天懸掛鸚鵡」虹膜為白色而非褐色。

雄性春天懸掛鸚鵡

特徵

身長：12.5公分。

平均壽命：15年。

兩性差異：雌鳥的羽色較暗，喉部無雄鳥的鮮紅色羽毛。

繁殖：孵化期20天，35天後羽毛長成。

幼鳥：與成年雌鳥相似，但羽色更暗。

藍頭鸚哥(BLUE - HEADED PARROT)
Pionus menstruus

這個屬的鸚哥共有8種,分布於中美洲和南美洲。羽毛不像其他鸚鵡那樣絢麗,但羽毛在陽光下會顯出淡淡的虹彩。藍頭鸚哥是很受歡迎的玩賞鳥,牠們既安靜又不具破壞性,人工養大的幼鳥可培養成非常親密的伙伴,學習人語的能力也很強。

飼養方法 以水果、綠色食物與鸚鵡類常吃的穀類食物餵食,使牠們保持良好的健康狀況,另外還可以加砂礫和烏賊骨等輔助食品。可整年都安置在戶外,但需有一個能經得起啃咬的堅固鳥舍。這種鳥很容易感染真菌病和曲霉病,產生呼吸遲緩並帶有雜音以及體重減輕等症狀,購買時要特別檢查呼吸是否正常。

繁殖 將巢箱放置在鳥舍內比較僻靜的地方,減少不必要的干擾,特別是在孵化期時,親鳥如果受到干擾,有可能攻擊幼鳥,飼主須多加注意。

頭部 成年雄鳥的頭部為深藍色,幼鳥的頭部要綠一些。

眼圈 如果眼圈周圍腫起,可能與鼻的阻塞有關。

喙 有時顏色會產生變化,或因磨損而呈鱗狀都是正常現象。

身體 藍頭鸚哥羽色鮮艷,反差明顯。

特徵

身長:27.5公分。

平均壽命:25年。

兩性差異:需進行專業鑑定。

繁殖:孵化期26天;70天後羽毛長成。

幼鳥:頭部藍羽較淺。

塞內加爾鸚鵡（SENEGAL PARROT）
Poicephalus senegalus

這類鸚鵡原產於非洲，共有9種。塞內加爾鸚鵡的成鳥性情相當焦躁，但飼養卻十分普遍、而且非常吸引人。牠們並不喧鬧，偶而會啄壞鳥舍的木質構造，尤其是在繁殖期之前。每隻鳥身上的桔黃色羽毛深淺都不相同，但和雌雄並無絕對的關聯。

眼睛 成鳥明亮的黃眼睛是最大的特色。

胸部 每隻鳥胸部的綠色羽毛深淺不同。

飼養方法 提供鸚鵡常吃的混和穀物、小型帶殼種子、菜葉、青草和水果，牠們還特別愛吃花生。適應環境後都長得很壯實，潮濕和寒冷氣候時要注意呆護。但也須飼養在乾燥而整潔的舒適鳥舍。每一對繁殖鳥都須分開放置，以防止牠們發生爭鬥。

特徵

身長：25公分。
平均壽命：30年。
兩性差異：需進行專業鑑定。
繁殖：孵化期28天，85天後羽毛長成。
幼鳥：虹膜為深色。

腳 深色的腳上具銳利的爪，不小心被抓到是很痛的。

雄性邁耶氏鸚鵡

繁殖 這種鸚鵡需要一個較深的巢箱，放置在鳥舍中較隱密角落裡。有些繁殖配偶會在戶外築巢，但在寒冬裡，如果發現雛鳥開始打寒顫，就得把卵或幼雛拿回室內。人工飼養的幼鳥很溫順，是一種不惹麻煩的寵物鳥，而且有學話的能力。

變種 變種之一的邁耶氏鸚鵡（P. meyeri），體羽與原種有些微差別。

非洲灰鸚鵡(AFRICAN GREY PARROT)
Psittacus erithacus

知名度最高的一種寵物鳥,近年來數量不斷增長。雄鳥十分擅於模倣人語,性情機警而溫順。盡管要花6個月的時間來教牠說話,但非洲灰鸚鵡卻可以成為養鳥人的最佳伙伴,是很好的選擇。

特徵

身長:32.5公分。
平均壽命:50年。
兩性差異:需進行專業鑑定。
繁殖:孵化期29天,90天後羽毛長成。
幼鳥:虹膜為深色。

飼養方法 以高品質的鸚鵡用混和穀物,並添加保健食品、水果和菜葉、青草。這種鸚鵡不吵,養在室外或室內的鳥舍裡都可以,但是不要期望成鳥性情溫順,尤其是養在室外時。在溫帶飼養的話,低溫會使鸚鵡不習慣於待在室外鳥舍中,所以第一個冬天應安置在能取暖的鳥舍中。

繁殖 繁殖時提供堅固的巢箱,巢箱的適合與否對非洲灰鸚鵡的繁殖非常重要。如果以繁殖為目的,最好是買一對已經繁殖過的鳥,否則很可能只會在一起消磨時光並彼此梳理羽毛。雄鳥的背部顏色較暗,繁殖期間最好把各對繁殖鳥分開飼養。

羽色 各品種的灰色羽毛深淺不一,顏色最淺的一型即所謂「銀色型」。

眼睛 成鳥眼睛是黃色的,幼鳥的為深色。

尾 除提姆赫亞種(*P.e.timneh*)尾部為暗栗色之外,其餘各種的尾部均為紅色。

虹彩吸蜜鸚鵡(GREEN - NAPED LORIKEET)
Trichoglossus haematodus

虹彩吸蜜鸚鵡具有許多不同品種，在顏色上也略有差異。和其他及蜜鸚鵡和短尾鸚鵡一樣原產於亞洲沿海的島嶼上，分布區南至澳洲。交配後的鳥往往急於築巢，而且十分多產。

飼養方法 以蜂蜜、乾蜜塊、葡萄和切成小塊的蔬果為主食，輔助食物為綠色食物、種子和浸泡過的黍穗。調整食譜須循序漸進，以免牠們消化不良。適應環境後整年都可養在室外。吸蜜鸚鵡的進食習慣很容易把鳥舍弄髒，而且會四處遺下液體狀的糞便，所以飼養這類鸚鵡的鳥舍一定要能方便打掃，如果將牠們養室內，每天都要換清潔的水供牠們水浴。

繁殖 提供堅固的巢箱，雛鳥能獨立進食時，就要把牠們從親鳥處移開。有的親鳥會啄食幼鳥的羽毛，如果把幼鳥單獨餵養不受到親鳥的攻擊後，羽毛很快就會重新長出。

頸部 頸側羽毛呈綠色，這是虹彩吸蜜鸚鵡的特色之一。

身體 體羽形成的條紋隨亞種的不同而有差異。

腹部 腹部顏色暗淡，與明亮的胸部形成鮮明的對比。

尾 尾較長，末端漸尖，也是吸蜜鸚鵡的特色。

變種 戈迪氏吸蜜鸚鵡（*Trichoglossus goldiei*）身長僅19公分，適合養在小型鳥舍中，冬季時要額外取暖。

雄性戈迪氏
吸蜜鸚鵡

特徵

身長：20公分。

平均壽命：25年。

兩性差異：需進行專業鑑定。

繁殖：孵化期25天，70天後羽毛長成。

幼鳥：與成鳥相似，但喙的顏色較深，可依此特徵來分辨二者。

喋喋吸蜜鸚鵡(CHATTERING LORY)

Lorius garrulus

羽色艷麗，活潑而討人喜愛，好奇心很強，即使養在室外的鳥舍裡也會很快就變得十分溫順，唯一的缺點就是叫聲太大了。就像多數具刷狀舌的鸚鵡一樣配成對的鳥在正常情況下很容易繁殖，而且是相當稱職的父母。

繁殖 破壞性較強，巢箱一定要特別堅固，鳥舍中須準備有大量軟木，供牠們撕成木條作為巢的襯裡，軟木可以吸收幼鳥的液體狀糞便。如果巢的襯裡很濕，應再添加軟木或從寵物店買粗糙的木屑來更換。為了減少移動產生的干擾，應將巢箱固定以便於清掃。

特徵

身長：30公分。

平均壽命：25年。

兩性差異：需進行專業鑑定。

繁殖：孵化期28天，80天後羽毛長成。

幼鳥：外表與成鳥相似，喙和虹膜顏色較深。

眼圈 眼周圍是灰白色的裸皮，眼與喙間有羽毛將其與蠟膜隔開。

喙 成鳥為桔黃色，幼鳥的喙上有暗斑延伸至喙的基部。

背部 背部有黃斑是黃背亞種（*L.g. flavopa lliatus*）的特徵。

翅膀 翅上的綠色略帶虹彩。

腳 喋喋吸蜜鸚鵡的腳和爪都是灰色的。

飼養方法 每天餵食1-2次的新鮮花蜜，把花蜜放置在窄口的飲水器中，此外還須準備水果、菜葉、青草和小種子。巢裡有雛鳥的時候要讓牠們吃些麵包蟲，儘管牠們很少吞食砂粒，但也要另外準備。牠們的身體健壯，鳥舍中要有一個長約3.6公尺的飛行場地。盡量不要把不同的繁殖鳥養在相鄰的鳥舍中，牠們彼此容易發生爭鬥。時常檢查棲木上是否粘有蜜或糞便，並刷洗乾淨一下，喋喋吸蜜鸚鵡常以啃咬棲木的方式來使喙保持整齊。

褐色吸蜜鸚鵡(DUIVENBODE'S LORY)
Chalcopsitta duivenbodei

由於全身褐色的鸚鵡較為罕有，而使這種吸蜜鸚鵡顯得很奇特，飛行時翅下明亮的黃色羽毛清晰可見，和體羽形成鮮明對比。因為飼養的人少，牠們在幾種知名的玩賞鳥中，根本排不上名次，不過因為繁殖狀況良好，近來數量有越來越多的趨勢。

飼養方法 以花蜜、水果、菜葉、青草和少許穀物種子餵食，照料牠比其他鸚鵡容易，但是在繁殖期會變得富於攻擊性。鳥舍一定要非常堅固，以免被強壯的喙破壞。牠們身體健壯，整年都可養在室外。

繁殖 牠們很可能在一年中較冷的月份繁殖，成功率較低，所以除巢箱之外，最好另行準備孵卵器和育雛器。

面部 每隻鳥的面部羽色都不太相同。

頸部 頸羽末端逐漸變細，在炫耀或攻擊時，會像雄鶴頸上的長羽毛一樣豎起。

腳 褐色吸蜜鸚鵡喜歡在棲木上高視闊步、雙腳一起跳躍，牠還用腳來抓取東西。

尾 黃色的尾羽非常顯眼。

特徵

身長：32公分。
平均壽命：20年。
兩性差異：需進行專業鑑定。
繁殖：孵化期24天，80天後羽毛長成。
幼鳥：羽色比成鳥的暗淡，眼睛周圍有白皮膚。

白鳳頭鸚鵡(UMBRELLA COCKATOO)
Cacatua alba

這種全身純白色的大型鸚鵡在寬敞的鳥舍十分引人注目，但響亮而刺耳的叫聲令人難以忍受，很容易引起鄰人抱怨。他們的原產地位於印尼摩鹿加群島的北部和中部，是體型最大的玄鳳鸚鵡之一。

飼養方法 供給高品質的鸚鵡類混和食餌、水果、菜葉、青草和麵包蟲之類的蠕蟲。這種鳥需要堅固而寬敞的鳥舍，要經得起發達的喙的啃咬。巢箱底部軟木屑數量須保持穩定，才能轉移他們的注意力，不去啃咬巢箱。這種鳥身體健壯，適應環境後整年都可養在室外。

繁殖 須提供結實的巢箱，由於成鳥容易精神緊張，在繁殖時盡量讓他們單獨相處，否則他們很容易忽略甚或攻擊雛鳥。人工飼養的白鳳頭鸚鵡十分惹人喜愛，但需要長期關注，因為他們一旦有繁殖能力後就會變得十分好鬥。

● **冠羽** 和身體的其他部分一樣是純白色，羽軸很寬，白鳳頭鸚鵡因此得名。

● **眼圈** 眼圈為白色裸皮。

● **羽色** 除了飛羽和尾羽的下表面具細微的黃斑外，全身體羽純白。

● **腳** 灰色的腳和喙與體形成強烈的對比。

特徵

身長：30公分。
平均壽命：40年。
兩性差異：雌鳥眼睛為深紅褐色。
繁殖：孵化期28天，80天後羽毛長成。
幼鳥：與成鳥相似，但眼睛較灰，喙略呈白色。

小葵花鳳頭鸚鵡(LESSER SULPHUR-CRESTED COCKATOO)
Cacatua sulphurea

原產於印尼諸島，在很早以前就已輸入國內飼養，品種繁多，以大冠鸚鵡（*C.s. citrinocristata*）外型最為突出。他們的警覺很高，性情溫和又有表演能力，十分受到養鳥大眾的歡迎。鳳頭鸚鵡很容易染上鸚鵡喙和羽毛感染症(PBED)，購買時如果發現鳥群中有羽毛缺損或喙部不正常的現象，很可能已經染病，絕對不要購買；即使在大型的養殖場購買雛鳥也要小心，因為這種病毒會在育雛室裡傳播，不過目前已有預防PBFD疫苗問世，這個問題應該很快就能獲得解決。

冠羽 冠羽的桔黃色羽毛，是產自印尼松巴島大冠鸚鵡的特徵。

頰部 此一變種的耳部有桔黃色的覆羽，其他幾種的羽冠和覆羽都是黃色的。

冠羽 休息時冠羽向後倒伏，只有在興奮或受驚嚇時冠羽才會豎起。

繁殖 想成功的繁殖小葵花鳳頭鸚鵡的話，要買一對彼此原來就能和睦相處的鳥，否則雄鳥會不經意攻擊配偶。幼鳥如果離開巢箱也可能受到攻擊，所以應盡早把雛鳥從鳥舍中拿開。

頭部特寫

飼養方法 這種鸚鵡進食時很謹慎，常有食物被撥走或踐踏而浪費掉，但仍應提供鸚鵡類食餌、保健食品、水果和菜葉、青草。這種鳥身體健壯，可直接養在堅固而寬敞的鳥舍裡，但木質構造儘可能再一層防護，以免被鳥喙啄壞。

雄性小葵花鳳頭鸚鵡

特徵

身長：30公分。
平均壽命：40年。
兩性差異：雄鳥的眼睛顏色比雌鳥的深。
繁殖：孵化期28天，70天後羽毛長成。
幼鳥：與成鳥相似，眼先為粉紅色。

一般型 小葵花鳳頭鸚鵡常縮寫成『L.S.C.』，羽冠和頰部的羽毛大部分呈黃色，也有些以白色為主。

戈芬氏鳳頭鸚鵡（GOFFIN`S COCKATOO）

Cacatua goffini

產於印尼諸島的鳳頭鸚鵡，在1970年代成為籠養鳥，當時因原產地的樹木被砍伐一空而開始人工飼養。目前牠們賴以生存的棲息地大量遭到破壞，前途難卜，人們應盡力來幫助牠們生存、繁衍。

繁殖 堅固的巢箱是繁殖的基礎，如果巢箱不夠結實，可能會被牠們咬壞而導致卵孵育失敗。在育雛期要仔細觀察雛鳥是否有正常的進食。

冠羽 這個品種的白色冠羽較小，也較不明顯。

眼睛 雄鳥的虹膜呈黑色，而雌鳥的則為暗紅褐色，但這種分法執行上比較困難。

眼先 每隻鳥眼先的粉紅色深淺不同，也不能以此作為區分雌雄鳥的標準

飼養方法 以標準的鸚鵡類混和食餌、水果和菜葉、青草餵食，儘管有些偏食只吃幾種食物。仍要持續準備各種食物，以此作為一種誘增加食物手段。牠們的破壞性強，常把木質鳥舍中的護網剝離，並用喙將護網線拔出，所以要定期檢查鳥舍，把護網裝在牠們勾不著的地方，否則牠們因吞下護網受傷。戈芬氏鳳頭鸚鵡適應環境後都非常健壯。

羽色 羽毛濃密、柔滑而發亮是牠們的特點，在購買之前應檢查是否有喙和羽毛感染症的跡象。

特徵

身長：30公分。
平均壽命：40年。
兩性差異：雄鳥虹膜的顏色較深。
繁殖：孵化期28天，70天後羽毛長成。
幼鳥：無橙紅色的眼先。

粉紅鳳頭鸚鵡(GALAH COCKATOO；ROSEATE COCKATOO)
Eolophus roseicapillus

這種鳳頭鸚鵡的數量多達上億，是澳洲最常見的鳥類，因為在澳洲之外的地區繁殖數量稀少，價格仍十分昂貴。話雖如此，就繁殖能力而言，人工飼養的粉紅鳳頭鸚鵡已經比他種鳳頭鸚鵡要強得多了。

繁殖 交配過的鳥喜歡用枯黍穗作為巢的襯裡。牠們一窩可產到5枚卵。雛鳥的生長發育比其他鳳頭鸚鵡要快得多，而且一對繁殖鳥一季可繁殖2窩雛鳥。當第一窩雛鳥能夠獨立進食後，就得將牠們移開，以免受到親鳥攻擊。

特徵

身長：35公分。

平均壽命：40年。

兩性差異：雄鳥的眼睛顏色較深，雌鳥的虹膜為紅褐色。

繁殖：孵化期25天，50天後羽毛長成。

幼鳥：虹膜為深灰色。

冠羽 白色的冠羽寬而短。

眼睛 從眼睛的顏色可以辨別雌雄，黑色眼睛的為雄鳥。

翅膀 每隻鳥翅膀的灰羽毛深淺都不同，有時幾乎是全白色。

胸部 胸部的粉紅色羽毛上有灰色的斑點。

飼養方法 這種鳥容易患脂肪過多症而長出脂瘤，因此須餵食低脂肪的食物，以殼類種子為主，並加入向日葵、水果和綠色食物。鳥舍中要有足夠的活動場地來增加牠們的運動量，還要放一些新鮮的樹枝供牠們啃咬，雖然牠們的破壞性不是特別強，不過樹枝可以轉移牠們想啃鳥舍的慾望。

第三章

養鳥須知

黑頂吸蜜鸚鵡

這種羽色艷麗的鳥容易築巢繁殖，而且天性好嬉戲。
因飲食習慣的關係，會把環境弄得相當髒亂，尤其當牠們被養在室內
時更是如此（上圖）。

桃臉情侶鸚鵡

這是許多羽色艷麗的桃臉情侶鸚鵡中的兩種類型，
情侶鸚鵡是很受歡迎的籠養鳥，性情安靜，養在花園中的鳥舍裡時，
破壞性較小（左圖）。

選擇品種優良的鳥

鳥類天性活潑、機敏，因此如果一隻鳥反應遲鈍，表示健康狀況欠佳。幼鳥往往不如成鳥活潑，而且棲息時羽毛較蓬亂，不必太介意，但如果成鳥出現這種情況，則表示這隻鳥生病了。

選擇方法

在購買鳥之前，要檢查牠的頭部、羽毛和腳。先看頭部，檢查鼻孔是否通暢，而且大小一致，鼻孔堵塞表示可能患了衣原體引起的局部感染，這些微生物存在於呼吸道上端，通常會引起呼吸困難，如果長期受感染，鼻孔就會被侵蝕，鼻孔的開口可能會變大。

有時感染將影響鼻竇，導致眼睛周圍腫脹，這種現象最可能在亞馬遜鸚鵡中出現，而且可能與維生素 A 的缺乏有關，因此應檢查眼睛，看是否有分泌物。對於紅眼睛的黃化虎皮鸚鵡之類的鳥，更要仔細檢查牠們的眼睛，因為這些鳥比黑眼睛的鳥更可能患白內障和失明。

呼吸

接著檢查鳥的呼吸情況，聽聽有無任何喘息的現象，這可能是寄生蟲病或真菌感染的前兆。有些種類的鳥特別脆弱。例如：胡錦鳥易患氣囊病。注意鳥尾的運動，可觀察出鳥的呼吸狀況，這在鳥休息時很容易觀察到。

檢查鳥喙是否變型也很重要，

虎皮鸚鵡的幼鳥容易患一種上喙彎曲、下喙突出的病，上下喙不吻合，下喙長成不正常的角度。這種鳥如果要保持進食不發生困難的話，必須經常剪短牠的喙。

鸚鵡常有上喙的過度生長的現象，這種現象通常是由於缺乏啃咬的機會而引起，長尾小鸚鵡和虎皮鸚鵡特別多見，只要提供適當的木頭供牠們啃咬，即可矯正上喙過長的毛病，不用再刻意剪短，因為鳥喙越剪會長得越快。

疥癬症是一種常見的寄生蟲病，在買鳥前一定要仔細檢查，因為這種病會在一群鳥中很快傳播。感染的早期症狀通常在鳥的上喙較明顯，被感染的虎皮鸚鵡早期疾狀很明顯，上喙呈現出微小的蝸牛狀痕跡和疤痕。在較嚴重的病例中，喙的邊緣和眼睛的周圍可看見小腫脹。只要喙不過度變形，就很容易治癒，但需將受感染的鳥單獨餵養一個月以上。疥癬症的感染也可能傳染到腿部，導致腳環以下的部位腫脹，即使如此也還是可以治癒的。

正常幼鳥的虹膜顏色

虹膜的顏色
黑色的虹膜是區別非洲灰鸚鵡幼鳥與成鳥(下圖)的特徵，類似的區別方式存在於許多其他種類的鳥中，而且這是顯示鳥齡大小最明顯的特徵。

四歲的非洲灰鸚鵡的虹膜顏色

羽毛

鳥類羽毛的狀況通常並不十分重要，新引進的鳥可能有少量不整潔的羽毛，但如果下一次換羽時有羽毛受損，就要特別注意了。鳳頭鸚鵡易患一種持續衰竭，最終導致死亡的疾病，即鸚鵡喙和羽毛感染症(PBFD)，這種病能傳染各種鸚鵡，但在鳳頭鸚鵡中最為常見。

法藍西式換羽是虎皮鸚鵡常見的羽毛

健康的鸚鵡
這隻黃頭亞馬遜鸚哥動作十分機敏，鼻孔潔淨，眼睛明亮，羽毛柔軟而亮麗，表示健康狀況良好。

鼻孔
通常未被覆羽毛，而且大小一致，通暢而無分泌物。

喙
上下喙應是完全吻合。

反應機敏
健康的鳥在有人靠近時，會有反應。

羽毛
羽毛有光澤，沒有禿斑或生長不良的羽毛。

眼睛
正常眼睛應是明亮的，眼瞼周圍無腫脹和無分泌物。

畸形的喙
下喙突出與雛鳥期的生長狀況較差有關，而上喙太長是由於缺乏啃咬樹枝的機會造成的。在這兩種情況下都必須進行定期的修剪，畸形喙在虎皮鸚鵡中最為常見。

下喙突出的虎皮鸚鵡

上喙太長的虎皮鸚鵡

疾病，危害程度較輕，但這種病毒會破壞種鳥的生殖能力。當鳥齡為 5 周左右時，症狀開始出現，飛羽和尾羽易於脫落，而且沒有規律可言。選鳥時應將鳥的翅膀張開，檢查飛羽是否有不均勻換羽的現象。幼鳥的飛羽如果有任何缺損，就表示可能患有此病；而成鳥的羽軸如果有乾的血漬，極可能感染過此病。

羽毛缺損也可能是自己啄羽的結果，有些鳥在新羽剛開始從皮膚中長出時，便將之拔掉。購買任何會有啄羽癖的鸚鵡都是不智的，因為這種習慣一旦形成就很難阻止；雀類較少啄羽癖的問題，掉羽通常是因為過分擁擠而造成的。

鸚鵡喙和羽毛感染症 (PBFD)

受感染的鳥羽毛捲曲，發育不良，身上有禿斑。患病晚期，喙和爪部組織亦受感染，此症是由病毒所引起，抗病毒疫苗的研究仍在進行中。目前此病無法醫治，受感染的鳥大約在一年之內死亡，通常是兩次細菌感染的結果。

患PBFD症的馬島鸚鵡

症狀
身體蜷縮，雙目緊閉，這隻十姐妹顯然病了。

腳環

鋁環常用於金絲雀和虎皮鸚鵡，如果是閉合環，則使用時期要受到鳥齡的限制，只有在雛鳥期，鳥的腳小到可以讓閉合環在腳趾上通過的那段時間才能使用。

不鏽鋼環用於較大的鸚鵡，他們大多能用喙將鋁環咬斷；分開的賽璐珞環用於金絲雀和雀類，通常用來區別雌雄鳥，這類腳環只需夾在鳥的腿部，不受鳥齡限制。

腳趾和腳爪

檢查腳趾和腳爪是否正常也很重要，不正常的爪會在棲息時造成困難。金絲雀通常是三隻腳趾朝前，一隻腳趾朝後來抓住棲木，但有些時候，後趾位置生長不正常，在棲木上容易打滑，這在交配過程中也可能出現問題，因為他不能支持自己和配偶的重量。鸚鵡和虎皮鸚鵡棲息方式和金絲雀不同，他們的兩個腳趾朝前，兩個腳趾在棲木後面，因此較少出現上述毛病。

白色家鴿和織布鳥腳爪長得非常的快，須要定期修剪，金絲雀和虎皮鸚鵡的爪也需要常修剪。

仔細的觀察過後，就可以讓店主將鳥取出檢查胸骨，胸骨位在從胸的較低部位到腹部的中線位置，長得很明顯，兩邊附有胸肌。健康狀況不良的鳥，此部位肌肉萎縮明顯，使得胸骨非常凸出。

體重

如果能用手指摸到龍骨的任何一側，表示體重太輕了，缺乏適當飲食的鳥較可能導致體重減輕，例如某些軟嘴鳥僅以水果為食，而水果的蛋白質和脂肪含量均較低。此外，也可能患了曲霉病之類的慢性病，這種真菌感染是軟嘴鳥特有的疾病，很少會出現臨床症狀，通常直到病入膏肓時才能發現。虎皮鸚鵡腫瘤的早期症狀也會沿胸骨部位消瘦。最後檢查肛門周圍的羽毛是否有污染，糞便沈積在此表示消化不良。

爪的修剪

鳥爪常常會以不正常的方式生長，因此要以指甲刀定期修剪，防止鳥類不小心被纏在籠網上。把鳥抓住後，在光線充足的地方找出血管的位置，然後用堅固的剪刀來修剪。

正常爪

捲曲爪

細長爪

鉤形爪

老鳥
腿上的鱗皮多而清晰，表示鳥齡很大，這隻唐納雀已經有18歲。

⟶ 購買時的注意事項 ⟵

最好能在附近的寵物商店購買小鳥，在那裡可以順便找到許多照料鳥兒的設備。大多數的寵物商店僅出售金絲雀和虎皮鸚鵡幼鳥，夏季的選擇範圍可能較廣，因為這是鳥類繁殖的高峰期。

可從附近數家鳥園來挑選想買的鳥，尤其對想購買成對繁殖鳥的人來說，可供挑選的範圍更廣，能有更好的選擇，也許能買到彼此關係和睦的一對鸚鵡。

如何觀察籠內的鳥

在鳥成群活動時靠近觀察牠們，注意是否有些鳥表現出明顯的配偶關係，例如在籠舍內相隨、緊靠一起棲息，以及相互用喙整理羽毛。

挑選現貨
在挑選前仔細觀察鳥群，檢查鳥的外表以及較可能和諧的配成一對的鳥。

買鳥時應讓自己有充足的時間選擇，不要試圖一蹴而就，以免日後反而帶來麻煩。

有許多鳥園提供配種及鑑定性別服務，雖然必需付費，但可避免買到昂貴又不合所須的鳥，所以實在可以不必太在乎那一點小錢。

想購買人工飼養的幼鳥，可透過各種養鳥專書的廣告欄與育種者直接聯繫，也可直接在鳥園買到；通常購買幼鳥較能令人滿意，因為幼鳥容易適應新環境，年齡較大的鸚鵡容易膽怯，往往得花上幾個月的時間才能獲得牠們的信任。

如果是準備參展的鳥，應直接從育種者手中購買，這樣才能獲得有關這些鳥來源的可靠信息，以及哪一對鳥最有可能產出品質優良的後代。記住必須有耐心才能獲得所需的品種，大多數鳥主都會很熱心幫助新手挑選最好的鳥。最佳的買鳥期是在繁殖季節剛剛過後，因為那時大多數養鳥者仍留有一些剩餘的現貨。

謹防假冒

小心不要買到「廉價鸚鵡」，這些鳥通常並非人工飼養的成鳥，很可能患有啄羽癖，這種毛病很難糾正，不過盡管患啄羽癖的鳥需要花更多心思才能馴化，但當牠們重新長出羽毛時，仍可用於繁殖。

如何照顧新鳥

最好親自到育種或供貨者處自行挑選想買的鳥，因為只有自己能判斷哪種鳥最適於繁殖；但有時也可能未親眼見過就先訂購，然後再以公路、鐵路或航空途徑把牠們托運回家。

── 新鳥的引進 ──

打算買鳥時，最好先準備好裝鳥的容器再去，大多數鳥不喜歡露天旅行，因此帶一個密閉盒子比鳥籠更好。

對體型小而且無破壞性的鳥類，例如金絲雀，用厚紙板盒裝運較理想。在盒蓋上和側面上端打幾個氣孔，用橡皮筋或細線將盒蓋固定。買虎皮鸚鵡和短尾鸚鵡應準備較結實的盒子。

運鳥的盒子不必太大，以免鳥試著飛行時受傷，牠們會安靜的待在盒內，就像在巢箱孵蛋一樣。最安全的辦法是單隻鳥運輸，否則有機會，牠們就會在狹窄的空間內爭鬥。

若旅途僅持續幾小時，通常不用準備食物。但對蜂鳥科之類的食蜜鳥，應準備飼料和方便的棲木。對於雀類和鸚鵡，只需在盒子底部撒些種子即可。水果是旅途中很好的水分來源，但應避免供給太軟糊的水果，否則鳥會踩踏水果並且弄髒羽毛。

在回家途中應盡量少停留，絕對不要把鳥放在汽車的行李箱中，那裡可能會使鳥兒缺氧，而且又有車的廢氣。將裝鳥的盒子放在車內地板上最安全，比較涼爽，而且沒有直射的光線和氣流。

鳥的運輸

使用適合的容器來運鳥，運鳥箱上面應有許多氣孔。硬紙板盒適於體型小而無破壞性的鳥；三合板盒適於大型鳥的運輸，應有結實的盒底和朝下開啟的鉸合盒蓋，以便觀察鳥，在盒蓋上裝上小閂子或扣鎖，可防止在旅途中意外打開，因為開車時如果讓鳥逃出盒子，就很容易發生意外。若在歸途中必須停留，記住在炎熱的日子裡，車內溫度可能在幾分鐘內就快速上升，使鳥無法忍受，甚至致命，切莫把鳥單獨留在車內。

運鳥箱
這種盒子適於許多種鳥類的運輸，但鸚鵡除外，因為牠們會把盒子咬開。

—— • 遷入新居 • ——

應盡量先為新鳥的到來作準備，清潔鳥舍，裝好棲木。如果能從原來的飼養者那裡得到食譜，就可為新鳥提供同樣的食物，這對吸蜜鸚鵡類及軟嘴鳥來說很有益。最近原生素越來越受到養鳥者的青睞，降低了鳥類運輸的壓力。

隔離新鳥

即使只引入一隻新鳥到已有的鳥群中，也不要忽略新鳥的隔離飼養期。盡管此鳥在購買時看起

新鳥的引入
當新鳥引入時，要觀察是否有相互攻擊的跡象。

來很健康，但也可能有某種疾病潛伏著，這些病很容易經過旅途勞頓而表現出來。確保新鳥飲食正常，如直接移入養有其他鳥兒的籠舍，可能會受到欺負，因而不能正常進食。通常在兩周的隔離期中，還可完成消除體外寄生蟲的處理。

對澳洲長尾小鸚鵡類一定要進行抗蟲處理，首先收集每隻鳥的糞便樣品，吸蜜鸚鵡對條蟲較敏感，從糞樣中可診斷是否被感染，必要時請獸醫作後續治療和處理。

把新鳥與已有的鳥混合飼養

隔離期一過，可將新鳥放到籠舍中，但先把新鳥和已飼養一段時間的鳥放在同一個鳥籠裡，在家中懸掛幾天，以便定期查看牠們。當把新鳥放入已有的鳥群中時，因為會有欺生的問題，定期查看特別重要。將新鳥關在鳥屋一天左右，使牠們能夠自己找到食物和水，當牠們敢飛行時，便會自己飛回鳥屋。

如果想在繁殖季節引入新鳥更要特別注意，因為已有的鳥此時更好戰。為減少侵害的機會，可預先將已有的鳥移出鳥舍幾天。當所有的鳥一起再放回鳥舍時，原來的鳥就喪失了領域優勢。

引入寵物鸚鵡到已有鳥群中時，也應給予同樣的照料，鸚鵡會嫉妒其他寵物，如狗和其他鳥兒。隔離期過後，把新鳥的鳥籠移到已有鳥的鳥籠旁，但仍不能讓這些鳥通過籠網互相靠近。虎皮鸚鵡和雞尾鸚鵡比較溫順，也較能接受同類的鳥來作伴。

◆ 馴化過程 ◆

購買人工飼養的鸚鵡雛鳥的主要好處之一是牠們不怕人，因虎皮鸚鵡雛鳥的巢箱需要定期清理，因而牠們很習慣人的關注。

馴化天性溫順的鳥，首重在加強鳥和主人之間的關係。可讓牠們先棲息一天左右，然後鼓勵牠們吃主人親手餵的蔬果。

在馴化階段一定要常接近寵物，理想鳥籠的整個前門應可以打開，這是組合式飛行鳥籠優於常規鸚鵡籠(第136頁)的另一個優點。

一旦鸚鵡經過馴化，應讓牠定期出籠，當然主人必須在場指導牠的行動。把鳥房布置好，以保證寵鳥的安全(第133頁)。

吃飯時，不要讓鸚鵡出籠，否則牠可能在餐桌上做出令人討厭的事來。開始時讓鸚鵡從籃子裡偷走豌豆可能是一件新鮮事，但很快就會成為問題。稍後當家人用餐時，鸚鵡若得不到吃食便會惹事。偷吃也可能讓鸚鵡攝食過多脂肪或

馴鳥
·親手供給寵物鳥果實來贏得牠的信任。 ·開始時應戴手套，鸚鵡會抓人，牠的爪子很鋒利。 ·所有的鳥都喜歡程序化，因此要定時進行馴化工作。 ·每次訓練5分鐘，然後讓鳥休息。

含鹽食物，糾正鸚鵡貪吃的習慣，將是一項艱鉅的任務！

鸚鵡能學會很多雜耍技巧，有些鸚鵡喜歡騎在小型輪鞋之類的玩具上，飼主須保持耐心，如果牠們未能作出希望的動作，最好不要對牠作任何懲罰，這多少有損好不容易建立起來的融洽關係，一定要付出耐心和愛心。

在馴化鸚鵡的過程中，讓全家人一起來參與也是一個好主意。鸚鵡很容易對兒童產生反應，但大人應在一旁監督，以免發生意外。最好隔一段時間後再引入另一隻鸚鵡，較早馴化完成的鳥可以作為學習榜樣，這樣可使馴鳥變得更容易。

建立親密關係
馴服的鸚鵡喜歡讓人在頸背輕撫搔癢，這是鸚鵡互相以喙整理羽毛的地方，一旦鸚鵡讓主人撫摸這裡，表示牠已接受主人了。

◆ 教鳥說話 ◆

鳥 的說話能力差別很大，甚至同種個體間的差別也很大。非洲灰鸚鵡是所有鸚鵡中的「學舌」天才，但八哥有更好的措詞能力，而且能學會清晰度很高的口哨聲調。

值得一提的是，鳥通常較易模仿女人或孩子的聲音。人工養大的鸚鵡，會較早習慣人講話的聲音，但要鼓勵鳥開始學講話並無任何捷徑，需要有不怕重覆的耐心。用來教鳥說話的時間愈多，牠就能學得越快。

第一個步驟

把句子和單詞拆成較短的部分，在鳥能成功的模仿第一個部分後，便可以繼續下去，把下一部分加到第一部分後面，組成單詞、句子或語調。

教鳥說話時應確保周圍環境安靜，可以每天教幾次，在一進入關鳥的房間時就開始進行。如果每天早晨用同樣的句子問候鳥，牠可能很快就會有相同反應。每天鼓勵此鳥重覆牠的名字，或地

學說話的鳥
很多鳥類具有模仿人語及其他聲音的能力，一個有耐心的好老師是培養好鳥的關鍵因素，就像這幅維多利亞時代的油畫所示（上圖）。

說話冠軍
這隻名為斯帕克·威廉斯的虎皮鸚鵡，獲得「最善學人語獎」，牠們是模仿能力很強的一種鳥（右圖）。

址和電話號碼，如果鳥逃走或被盜時，這很可能可以救了牠。主人可坐在鳥籠附近清晰的重覆每一個詞，大約 5 分鐘，不要急於讓鳥學得太快，否則反而會把牠們搞糊塗。

一些重覆性的室內聲音可能無需訓練就被鳥模仿，電話鈴聲即是典型的例子，而且鳥的準確音調將使得人們跑來接電話。這會造成很大的問題，因為鳥有可能持續的發出這種電話聲。這種行為很難糾正，如果取消重覆刺激，鳥便不太可能保持這種聲調或言詞。另一種可能是在聽見不必要的言詞（或發音）後，立即覆蓋鳥籠，鳥將很快把這種聲音與陷入黑暗相聯繫。只需蓋住鳥籠大約5分鐘即可，增加時間並無益處。

鸚鵡之間可互相學習詞彙，互相模仿鳴叫聲，如果同時教兩隻鳥說話，想讓牠們之中的一隻先說話反而會更加困難。教鳥說話時一定要準備一盒錄音帶，來增加訓練的時間。讓成鳥開始學說話可能比較困難，但能學會說話的鳥，可在一生中不斷增加新詞彙。現在已經能夠買到專門用來教鳥說話的錄音帶，這有助於訓練，當然也可以自己準備類似的錄音帶。

多鼓勵鳥說話

· 保持周圍環境安靜，使鳥能集中注意力學說話。

· 每天教數次，從早晨一進入養鳥的房間就開始。

· 鼓勵鳥學會牠自己的名字和地址、電話，當鳥逃出或被盜時非常有用。

· 以 5 分鐘左右的時間為一個階段，持續而清晰的重覆單詞和短語，要坐在鳥籠附近以保持鳥的注意力。

· 不要讓鳥學得太快，否則牠可能被弄糊塗，反而延緩學習進度。

· 準備一捲錄音帶，錄下一些精選的單字和短語不斷播放，當鳥開始發其中的音時，便是成功的跡象，然後應該繼續強化訓練這些詞彙，直到此鳥能夠馬上重覆為止。

訓練鸚鵡說話
沒有其他寵物鳥比得上鸚鵡，不但與人相處極為融洽，而且壽命很長。

◆ 鳥類玩具 ◆

通常只有鸚鵡和八哥喜歡玩玩具，過去大多數的鳥類玩具都是為虎皮鸚鵡製作的。

許多人會為自己家裡養的虎皮鸚鵡裝一面鏡子，是替這些高度社會化的鳥類增加玩伴的一種方法。但有時也出現一些問題，例如，虎皮鸚鵡不斷的給鏡子裡的鳥餵食。並試圖與之交配。如果注意到寵鳥花過多時間與鏡子中的鳥玩耍，就應該把鏡子移走幾個星期。

梯子是較有用的玩具，可使虎皮鸚鵡上下跳躍。對幼鳥來說，梯子有些危險，因為鳥類貪玩的本能可使其陷入梯級之間。因此，最好在寵鳥長到5-6個月後，再讓牠玩梯子。在最初，鳥可能害怕玩具，但過一會兒，牠天生的好奇將戰勝恐懼。

為了配合鸚鵡愛破壞的天性，準備好特殊的哨咬物。將牠們放在棲木上或鳥籠的底部，這些東西還有助於鳥喙的修剪。

放在鳥舍中的玩具

即使是普通的玩具對寵鳥也具有吸引力，牠們最喜歡的是乒乓球，乒乓球很輕，虎皮鸚鵡可用喙推動，牠還可能試著站在球上，把球滾來滾去。另外一種鸚鵡的簡單玩具是木棉捲筒，撕掉標籤後，用結實的繩子掛好並掛在鳥構不著的地方，鸚鵡就很快學會攀爬，用喙啄咬，並沿著繩子上下滑動捲筒。

安全玩具

盡量不要購買精緻的玩具，因為清洗時太過麻煩和不方便。避免使用任何具有尖銳凸出部位的物品。虎皮鸚鵡喜歡啄咬玩具，因此，不要放置任何有毒塗料的油漆玩具。

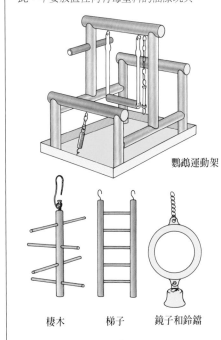

鸚鵡運動架

棲木　　　梯子　　鏡子和鈴鐺

簡單娛樂
黑頂吸蜜鸚鵡正在玩木片。

────→ 鳥的鍛鍊 ←────

籠外的常規鍛鍊對鸚鵡來講是必需的，但必須監看全部的過程，以保證寵物鳥不會受傷。

努力建立一套鍛鍊程序，使之成為鸚鵡生活的一部分。在讓鳥進入房間以前，先檢查窗戶是否關閉並拉上窗簾。如果還養了狗或貓，應確保牠們不在屋內。鳥和貓也可能共同生活，但是貓的天性中還是保留著食鳥的本能，因此認為貓能區分野生鳥和家養寵鳥的想法並不安全。

對於已馴化的小鸚鵡和虎皮鸚鵡，應知道牠們的行蹤，特別是坐到椅子上之前，因為許多珍貴的寵鳥都因為其主人坐在牠們身上而受到致命的傷害。還要注意房間裡的咖啡，或其他熱飲料以及酒杯，甚至少量的酒精都可使鳥斃命。

同伴

如果獨自在家，馴鳥時，最好把電話放在身邊，這樣，一旦電話鈴響，就不必為了接電話而離開鳥，使之無人照看。

盡量把鳥的自然需求作為其鍛鍊內容的一部分。除了飛行和探索環境，鳥還需要有同伴。一般來講，鸚鵡是社會性較強的鳥類，如果常讓一隻獨處，就要多花一些注意力來關注，否則牠們很可能變得煩躁，並產生異常的行為。

安全的室內環境

在釋放寵鳥前，關閉所有的窗戶，並用網狀的窗簾覆蓋窗戶玻璃。否則，鳥有可能看不見玻璃。火爐也是一種潛在的危險，確保它們已完全遮蓋，以防鳥跌進和進入煙囪。

鳥在鍛鍊期間，總想休息，因此，應在房間內準備一些棲木。為安全起見，移走珍貴的小物品，以及任何有毒的植物。例如孤挺花，花葉萬年青以及芋屬植物等一些不能與鳥同處一屋的植物。盡管鳥的敏感程度不同，但髮膠和家具亮光油對牠們同樣有害。另一種經常被忽視的危險來自水族箱，蓋住水族箱防止鳥掉入，並阻止鳥喝其中的水，這種水通常含有很多細菌，可引起嚴重的消化不良。

室內

為使鸚鵡保持健康，應讓牠們每天到籠外來，並在附近練習飛行。

如何安置鳥兒

很多人因害怕弄傷鳥而不願意觸摸牠們，其實只要細心些便能安全的抓握寵物鳥。以鸚鵡來說，如果捕捉方式不當，受傷害的將是自己，因為這種鳥有銳利的喙和爪，如果讓它傷到手，將會疼痛不已。

──→ 捉鳥的方式 ←──

沒有別人能代替你學會如何抓握寵鳥，除非你親自動手做。幾乎可以肯定，在鳥籠裡抓鳥比在鳥舍裡要容易。任何一種情況下，都應先蓋住或移走棲木，並挪開所有可能碰到的罐子。

小鳥

習慣用右手的人可把較靈敏的右手伸進鳥籠，用左手遮住籠門防止鳥逃出。鳥可能會撲飛一會兒才停到籠底，把手放在牠的身上，小心且輕輕握住頸部，當鳥收攏翅膀時，把手合起，慢慢的把手伸出籠中撤出，經過籠門時要特別小心。如果想把鳥仔細看清楚，就把鳥移到左手，用食指和中指握住鳥的頸部，用手掌控制鳥的翅膀，然後再檢查眼睛，修剪爪子，或進行藥物治療。

大鳥

鸚鵡也可採用類似的方法，但如果缺乏經驗，應戴上手套。不過戴上手套後，很容易將鳥握得太緊，要格外小心。鸚鵡像其他鳥一樣，一旦被捉住就不會反抗，因此只需握住牠而不要握得太緊。

要捕捉金剛鸚鵡之類體型特別大的鳥，應在外面的厚手套內再戴一層薄手套，如果鸚鵡咬人，只要把緊握的手指稍微鬆開一些牠就會鬆口，不要放得太開，才可以在飛走前再次握住牠。

抓握小鳥
雀類因為不會咬人，所以比鸚鵡好捉。

對剛學會飛的澳洲長尾小鸚鵡也要特別小心，牠們對周圍的環境很陌生，有可能直接朝網飛撲，一不小心有可能撞壞牠們薄薄的頭蓋骨。

如果鳥正處繁殖期，在捕捉幼鳥時應盡量減少干擾，否則，鳥會弄壞或遺棄所產的卵；盡量在早晨捕捉幼鳥，以便成年雌鳥能盡快歸巢。如果雌鳥在下午、傍晚被打擾，有可能會整夜不歸巢，受精卵就無法孵化成功了。

捕鳥須知

· 捕鳥以前先檢查籠舍門窗是否均已關閉。

· 蓋住或移走棲木和所有食罐，這些東西可能會造成妨礙。

· 即便是溫馴的鳥也不喜歡被捉，有時可能會咬人。

· 如果鳥出現像張開喙喘粗氣這種不安的跡象，應離開鳥舍，直到牠們恢復平靜為止。

· 不要在一天中最熱的時候捉鳥，這樣可能使牠們更加不安。

· 戴手套觸摸鸚鵡之類的大型鳥時，應小心謹慎，不要用力過大。

抓握鸚鵡
捉鸚鵡時應戴上一副手套，防止被牠們咬傷。牠們一旦被捉住就不會再掙脫，因此可以仔細檢查。

用網捕鳥

澳洲長尾小鸚鵡（Australian parakeets）飛得很快，極少讓人們接近，因此可選擇用網捕捉的方式。

選用網眼大小適當的網，網深要夠用來裝鳥，最重要的是網的邊緣應墊好，一旦移走所有的棲木，鳥就有可能抓住網不放，這樣便很容易用網捕捉。即使網邊已墊好也不要太用力，以免碰傷鳥的頭部。

捕鳥的過程對小鳥來說是極為緊張難過，如果鳥已開始出現痛苦的跡象，例如：張開喙來喘息時，應先離開鳥舍一會兒。

✦ 室內用鳥籠 ✦

讓 嬌氣的進口雀類過冬最好的方法，就是把牠們移到小型的鐵絲網室內飛行籠內(第145頁)，放在空曠的房間內也可以。

動工之前，先畫好飛行籠的設計圖，建造這種籠舍成功的關鍵，是使鳥兒能在裡面靈活的活動，寬度通常為90公分，也可以用更寬的網，籠子的高度應該夠讓飼主進入，理想高度為180公分。

先在室外較大的空地上組裝木框，把木框放在平台上，用釘子將成捲的鐵絲網一端固定住，小心的在木框上拉開，先釘住鐵絲網的角再作調整。從整捲鐵絲網上剪下一段長度的鐵絲網時，應盡量沿木框的平行線剪切，才不會有太長的鐵絲網露出，刮傷鳥兒。還要為飛行籠做一個適當的底座，塑膠底板最適於室內使用。

飼養鸚鵡的人可直接購買大小合適而寬敞的室內圍籬，比飛行籠構造簡單得多，立即就可完成。如果飼養金剛鸚鵡應該使用較高的籠，這樣牠們的長尾才不容易受傷。

適合虎皮鸚鵡和金絲雀的鳥籠比較好找，如果買來棲木是塑膠做的，就必須換掉，因為塑膠棲木有礙鳥類嗑啄木頭的天性，經過刷洗的天然棲木是最好的選擇，枝條的兩端用刀削齊，插入鳥籠中原先放塑膠棲木的底座。棲木必須放在適當的位置，才不會使鳥尾被籠子的邊緣絆住。

典型的
虎皮鸚鵡或
金絲雀籠子

鳥籠的選擇

大部分的鳥籠中裝有可擺動的木頭鞦韆形棲木，但大多數鳥不願棲息在一些會移動的枝條上，如果寵物鳥避開可搖擺的棲木，就要換一根。鳥籠的門閂也要時常檢查。鸚鵡特別善於解開簡單的扣環，保證將鸚鵡關在鳥舍的唯一方法，是在門上安裝掛鎖和鏈子將鸚鵡鎖住，如果在籠外餵食的話，就用鐵夾將餵食的容器固定在適當位置，否則這些碗有可能被翻倒在鳥籠的底部，在籠底墊一層塑膠布，就不怕種子四處散落弄髒鳥籠附近。

✦ 鳥籠的位置 ✦

飼 養雀類和軟嘴鳥的鳥籠放在干擾少的臥室內較為理想，放置的位置要避開廚房，除了飲食衛生的考慮外，鳥的健康也有可能受危害。鳥類對有毒氣體特別敏感，他們的身體對毒氣吸收很快，寵物鳥因吸入不沾鍋過熱產生的聚四氟乙烯氣體而致死的事件層出不窮，萬一鳥從籠中逃出，還有被燙傷或燒傷的危險。廚房中常有的忽高忽低溫度，也會使鳥兒受到刺激，而有換羽不規則的現象。

將鳥養在起居室內，會減少他們受傷害和危險的機會，並且可以透過安排來減低這些危險。讓鳥感覺處在安全的環境中是很重要的，因此，將鳥籠放在牆角，讓鳥兒能看到周圍的一舉一動，並且能夠退到鳥籠後側而不用害怕後面有人接近，鳥籠離地的高度也很重要，放在比視線略低的位置最為理想，這樣可使主人直接和鳥說話，鼓勵鳥吃手中的食物。這種高度使鳥感覺較安全，而且更容易對主人產生反應。可以將鳥籠放在牢固的架子上或家具上。因為如果家中有小孩，他們可能會把架子移來移去，而弄傷鳥兒或他們自己。

清潔

鳥籠的周圍會被糞便和食物弄髒，如果鳥沐浴時，水滴也可能會濺到鳥籠外面，這時可以用乾淨的丙烯酸類樹脂板蓋住鳥籠的背部和側面，並且把鳥籠放在野餐中之類的塑膠布上，這樣就可以保護好家具和牆壁。把樹脂板用膠粘起來，做成遮蔽物，並將它擺在與鳥籠距離約5公分處，這樣鳥就不能接近啄咬遮蔽物，最好常常用濕紙擦拭樹脂板和桌布，這種紙巾不會弄壞器物表面，對收拾鳥籠附近的羽毛、灰塵卻很方便。

八哥是所有家養鳥中最溫順的一種，通常養在箱籠中。養八哥的籠箱要特別注意鳥籠前面放水罐的部分，因為八哥喜歡洗澡，他們會把水濺到很遠的地方；往鳥身上噴水能減少鳥兒到處濺水的慾望（第160頁），最好使用室內的飛行籠，在飛行籠後方和兩側罩上塑膠布，以保持室內整潔。

遮蔽鳥籠

雖然很多種鸚鵡都原產於熱帶地區，但他們仍很容易中暑。因此在溫暖的天氣裡，不要把鳥籠直接放在陽光直射的窗前，或未遮蔭和不通風的花園裡，對於其他種類的鳥也是一樣，因為過熱可能會致死。此外也要避免把鳥籠掛在暖氣旁，因為鳥如果無法正常散熱，會影響鳥的換羽。養在室內的鳥經常會掉羽毛，但當他們正在換羽時，掉羽現象會更劇烈。

◆ 戶外鳥舍 ◆

在 氣候溫和的地區,一年四季中除了酷寒的冬季外,都可將鳥養在戶外的鳥舍裡。

在住家附近選定一個背風的隱蔽場所,不過最好遠離樹枝懸垂的樹木,因為樹枝可能會毀壞鳥舍的結構。

設計

鳥舍通常由兩部分構成:一是鐵網圍著的飛行場地,大部分暴露在自然環境中;二是鳥屋,在這裡餵食和過夜。設計鳥舍的第一個步驟是選定地點,最好

典型的鳥舍
由飛行場地、鳥屋和安全門廊組成。用透明塑膠布蓋在飛行場的鐵絲網上,可以保護寵物鳥不受風雨襲擊。

飛行場地
以鐵絲網與外界隔開。

進入鳥屋的門
以專用零件連接,以便能向外打開。

水槽和傾斜的屋頂
使雨水不積存在飛行籠上。

防貓網
可以阻止貓在鳥舍上面走。

地面傾斜的飛行場地
前面設有排水孔。

磚鋪的牆圍
可增加飛行場地的使用壽命。

門框
門框應與地面密合。

安全門廊
門朝外開,所有進入鳥舍的門都應該鎖上和扣住,以防盜賊和破壞者。

處要有安全門廊的設計，以防止鳥兒在主人進入時逃出。從鳥屋到飛行場地之間還需加裝一道門使主人可不必在餵食時經過巢旁，使繁殖鳥所受到的干擾減到最少。

安置鳥舍的注意事項

· 盡可能選擇背風並遠離懸垂樹木的地方。
· 避開馬路旁，以免鳥舍受到過往車輛及車燈的干擾。
· 選擇花園中平整而又不干擾鄰居的地方。
· 建鳥舍前先確認鳥舍蓋好後，不是違章建築。

在設計之初最好連花園的現有布局也加以考慮，使鳥舍與花園融為一體，尤其是飼養雀類和軟嘴鳥時，這兩種鳥在有植被生長的飛行場地中可以長得很好，植物為繁殖提供了天然的鳥屋，而且可吸引昆蟲前來，補充鳥的食物。

黃楊之類的小灌木都是掩蔽鳥巢的理想植物；或者金蓮花等一年生植物，這些植物能吸引蚜蟲，對梅花雀育雛很有幫助。還可使攀援植物貼著鳥舍的側面生長，這樣有助於阻止幼鳥飛向籠網而傷到自己。

將植物種植在水桶或小容器中，或用碎石、水泥來覆蓋鳥舍地面也很有幫助，這樣做可以保持鳥舍清潔，並防止寄生蟲和病原聚集。堅實的地面使排水系統免遭雨水浸透。每年的繁殖後期要記得移走植物，消毒地面，並扔掉一年生植物。

除短尾鸚鵡（第109頁）外，大多數鸚鵡都會破壞長在周圍的植物，使鳥舍呈現空曠而稀落的景象，爬滿攀藤的拱架可以裝飾硬梆梆的鳥舍，襯托出綠意盎然的效果。

開始設計時也應考慮門的位置，進門

鳥舍的選擇

飼養的鳥種和數量是影響鳥舍設計的主要因素，二個比鄰的飛行籠之間須裝設雙層鐵絲網，以防止相鄰鳥舍中鳥的腳趾受到傷害。

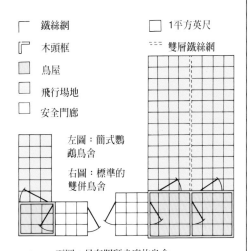

⌐	鐵絲網	□	1平方英尺
⌐	木頭框	---	雙層鐵絲網
▨	鳥屋		
▨	飛行場地		
□	安全門廊		

左圖：簡式鸚鵡鳥舍

右圖：標準的雙併鳥舍

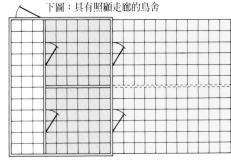

下圖：具有照顧走廊的鳥舍

◆ 建造鳥舍 ◆

除了破壞性較強的大型鸚鵡外，各種鳥類的飛行場地均可用木製框架，這些框架通常由大約3.75到5公分寬的方木條構成，用螺絲釘拴緊，拼接後就會很牢固。

用於鳥舍的木頭必須做防腐處理，經過真空處理的木料最為理想，所使用的所有材料均須無毒，因為鳥會啄咬木頭。框架固定好後再罩上一層網眼小於2.5×1.25公分鐵絲網，以防止老鼠之類的囓齒動物以及蛇類進入。

盡管鳥舍的飛行場地通常為標準設計，沒有太大的變化，但鳥屋卻可以不同方式來建造，甚至可以直接把花棚改裝築成。

窗戶的設置也很重要，好的設計可以吸引鳥類來使用鳥屋。把窗戶裝置在鳥舍背面，可使主人不必進入鳥舍就能查看鳥的情況。在鳥屋一側也可以再開一扇小窗戶，要確定所有的窗戶用鐵絲網

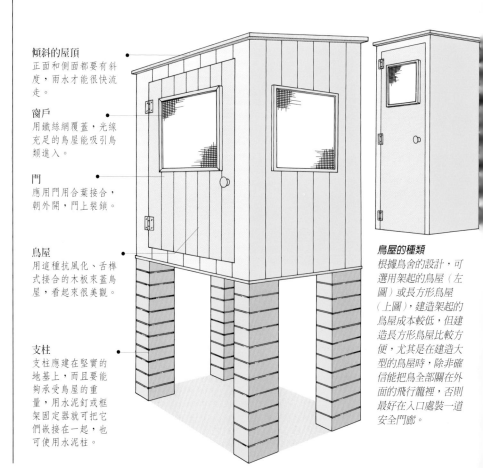

傾斜的屋頂
正面和側面都要有斜度，雨水才能很快流走。

窗戶
用鐵絲網覆蓋，光線充足的鳥屋能吸引鳥類進入。

門
應用門用合葉接合，朝外開，門上裝鎖。

鳥屋
用這種抗風化、舌榫式接合的木板來蓋鳥屋，看起來很美觀。

支柱
支柱應建在堅實的地基上，而且要能夠承受鳥屋的重量，用水泥釘或框架固定器就可把它們嵌接在一起，也可使用水泥柱。

鳥屋的種類
根據鳥舍的設計，可選用架起的鳥屋（左圖）或長方形鳥屋（上圖），建造架起的鳥屋成本較低，但建造長方形鳥屋比較方便，尤其是在建造大型的鳥屋時，除非確信能把鳥全部關在外面的飛行籠裡，否則最好在入口處裝一道安全門廊。

鳥舍植物

選擇一些遮蔽濃密的灌木，以便爲小鳥提供築巢的地方。許多針葉植物都屬於這一類，不要選一些生長過於旺盛的植物，這種植物很可能四散生長。一年生植物通常色彩鮮艷，可把昆蟲吸引到鳥舍，這樣鳥就能夠捕食昆蟲。把植物種在放在窪地上的容器中，澆水會比較方便，也比較容易保持鳥舍的清潔，當秋季時一年生植物枯萎的時候，應移走並重新放置和修剪其他植物。

蒙住後，才能安全的開窗通風。

動手建築鳥舍

建鳥舍的地面應很平整，整建前先標出此區域的界限，再挖掉全部草皮。要把草皮堆在陰涼的地方，並保持濕潤以便日後重新利用。

鳥舍的地基很重要，打得好的話，可以穩穩的支持房屋結構和防止老鼠掘地洞進入鳥舍。以混凝土爲基石埋入地下至少45公分，在地基上搭築高於地面30公分以上的房基。這樣可以墊高木質結構的高度，預防它們過早腐朽。

使用25公分厚的壓實碎石作底層，上面用水泥和沙石以1：3的比例調配的粗混凝土覆蓋，最後再加一層細沙和水泥以1：1的比例配製的混凝土。在鳥屋裡的兩層水泥之間，舖上一層塑膠布，可以有防潮的作用。

飛行場地的地面必須由鳥屋向外舖設成斜面，使雨水能流向排水孔。用框架固定器將鳥舍牆板嵌在底座上，牆板之間用上了油的螺絲栓在一起。爲了穩固起見，可先將框架放在水泥房基上，最後再蓋上屋頂，和牆板接在一起。整個結構建好後再把門裝上。

裝飾鳥舍

除鳥屋外，飛行籠四周還也需再蓋上塑膠布以免使鳥遭到傾盆大雨和貓的襲擊。用透明塑膠布裱貼在堅固的木質結構上，要有斜度使雨水能流入籠舍外的排水溝內。籠頂的塑膠布長寬至少要比籠頂多90公分以上，側面也要舖上長度相等的塑膠布，來防止雨、雪和風的襲擊。

捉鳥

裝置下圖所示的門栓，當開門清掃或餵鳥的時候，可將鳥關在鳥屋的裡面或外面，此裝置還可使鳥易於被捉到，而且可以輕易的在飛行籠外面操作，只需簡單的拉開即可。

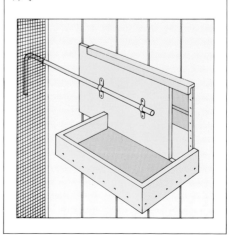

◆ 鳥屋 ◆

將 大型鸚鵡養在室外鳥舍最大的缺陷是牠們會製造噪音，而且常從黎明時就開始。因此很多養鳥人只好把鳥養在室內，用牆壁來隔音，同時改變室內環境，來遷就鳥的需要。

鳥屋的特點

鳥屋是一種用來養鳥的室內結構，很早就被虎皮鸚鵡和金絲雀的飼養者作為鸚鵡的理想的棲身之所。在鳥屋內可以放置繁殖籠，讓主人密切注意鳥的繁殖行為。另一特點是可同時放置其他東西，包括展覽鳥的訓練籠、準備食物及室內飛行場地。在這裡也可裝設人工取暖和照明設備，讓較柔弱的鳥在室內過冬。

鸚鵡通常養在鳥屋內懸掛的鳥籠中，因為這樣較衛生，從網眼掉到地上的糞便和掉落的食物，可在任何時候清掃。

對於比較嬌氣的鳥，飼養者通常會把鳥舍的部分設備放到鳥屋中，這樣便無需另外提供過冬設備，在天氣不好的時候，只需關閉通向外面飛行籠的通道即可。

如果打算在鳥屋內接上電源，讓取暖和照明更容易，一定要請合格的電工來做這項工作，以保證所有線路都安全的罩在盒箱中。

空氣污染

鳥屋中的主要問題是灰塵沈積，改善的方式是安裝吸塵器，有效的清除空氣中懸浮的灰塵顆粒，否則這些灰塵被吸入會引起不舒服的胸悶，特別是對有氣喘病之類的胸腔疾病的人更是如此。除吸塵外，吸塵器還可以從空氣中清除潛在的有害微生物。

保持鳥屋通風

在鳥屋中，良好的通風非常重要。夏季當白天天氣暖和時，可將外面的門打開。堅固的網製內門可防止貓和其他肉食動物進入，也可使空氣流通，鳥屋前面的窗戶可裝上鐵絲網，當你同時打開外面的門及此窗戶時，就會產生涼爽的穿堂風。

離子空氣清淨機已被廣泛使用，藉由產生負離子，讓離子與灰塵顆粒結合，然後掉落到地面上。當地面上積一層灰塵時，便可將其掃淨。

使用離子空氣清淨機另一個優點是負離子能殺死有害的微生物，減少鳥受感染的機會。對於嚴重的空氣污染，使用離子空氣清淨機幾分鐘後即可明顯見效，而且它們極耐用。平時可以用真空

吸塵器定期打掃，減少空氣污染，吸塵器的噪音對鳥似乎無害，尤其是虎皮鸚鵡的雄鳥叫聲比吸塵器馬達的聲音更大！

典型的鳥屋
它的用處很大，特別是對參展的鳥和外來鳥，可用於貯藏設備、種子以及訓練用來展覽的鳥。

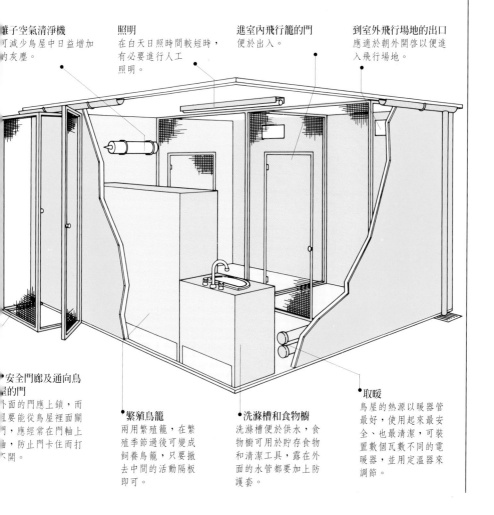

離子空氣清淨機
可減少鳥屋中日益增加的灰塵。

照明
在白天日照時間較短時，有必要進行人工照明。

進室內飛行籠的門
便於出入。

到室外飛行場地的出口
應適於朝外開啓以便進入飛行場地。

安全門廊及通向鳥屋的門
外面的門應上鎖，而且要能從鳥屋裡面關門，應經常在門軸上加油，防止門卡住而打不開。

繁殖鳥籠
兩用繁殖籠，在繁殖季節過後可變成飼養鳥籠，只要撤去中間的活動隔板即可。

洗滌槽和食物櫥
洗滌槽便於供水，食物櫥可用於貯存食物和清潔工具，露在外面的水管要加上防護套。

取暖
鳥屋的熱源以暖器管最好，使用起來最安全、也最清潔，可裝置數個瓦數不同的電暖器，並用定溫器來調節。

取暖和照明設備

溫帶地區冬季的日照時間相當短，減少了鳥類覓食的機會。尤其是小型鳥類的身體較小，表皮在全身占較大的比率，導致體內熱量喪失迅速，很容易受到低溫的傷害。所以飼養外國進口的雀鳥，鳥舍的取暖與照明就更重要了；馬達加斯加情侶鸚鵡之類的鳥類在繁殖期也要特別保暖。

隔熱良好的鳥舍可減少熱量損耗，不必再安裝供熱系統。在鳥舍牆壁和屋頂加裡襯的時候，須在門和雙層玻璃窗周圍安裝通氣孔。

可調控的照明

人工照明不僅能延長鳥類的進食時間，而且使天黑之後照料鳥兒的工作方便許多。

使用可調節照明亮度的控制器或調節開關，即可慢慢升高或降低光照強度，若與定時器連接，就可自動開燈和關燈。但一天光照12小時以上，會引起鳥類繁殖行為的早熟，須特別注意。無論如何都不能進入鳥屋直接開燈，否則會引起鳥兒恐慌，造成卵和雛鳥的損失。

如果你的鳥舍較隱暗，那麼在窗戶上裝一個光敏傳感器可能會有用。當亮度下降到預定水平時，傳感器能使光照逐漸增強。例如，可給控制器編程序，使燈光在清晨打開並逐漸增加強度，當你進入鳥舍時已是夠明亮。同樣，光照強度在傍晚應逐漸減弱，否則，雌鳥可能離開鳥巢，引起牠們及其他鳥的恐慌。

選擇適合的取暖設備

· 鳥舍中使用火爐時，應選擇比一般使用所需容量更大的火爐，確保安全。

· 煤油爐所釋放的有毒氣體會使鳥致命，而且很難調節其釋放的熱量，因此養鳥業者很少使用。

· 鼓風爐在鳥屋內是很有效的供暖設備，但灰塵常引起一些問題。

· 管狀環流暖器使用廣泛，可供選擇的功率範圍較寬，可滿足大多數需要。

· 電暖器最安全和清潔。

光照類型與安全

使用鎢絲燈泡或螢光燈管皆可，但一定要使電器設備遠離鳥兒。如果鳥舍中的鳥屋面積較大，照明和取暖設備就不可或缺了。在這種情形下，應把電線包好，並用網罩遮住燈泡（管）和熱源。要在飼養鸚鵡的鳥舍中把電線和電器設備藏好十分困難，最可行的方法就是將整個鳥屋的後面隔開，把作為安全門廊的空間，用來安裝照明和取暖設備，以及控制開關。

◆ 幫助鳥兒過冬 ◆

很多外國進口的鳥具有驚人的耐寒能力，可以度過溫帶地區的冬天，大多數的人都認為，來自熱帶地區的鳥適合生活在較熱的氣候條件下，但事實上很多熱帶鳥類可在高緯度那些夜間溫度可能下降到零度或更低的地區生活，小型鳥類在寒冬無法保持正常體溫，通常需要額外取暖和照明。

有些鳥類十分容易凍傷，所以要儘量鼓勵大型鳥到鳥屋內過夜，因為留在屋外可能要在冰上過夜，有凍傷的危險。如果鳥的腳趾結冰，這一部位的血液供應就將受到干擾，所以鳥兒也不願意在冰冷的棲木上棲息，如果在棲木上發現血痕，在以後的幾天內，鳥的腳趾會捲縮而潰瘍，最終將會失去。因此對溫度敏感的蕉鵑、犀鳥、桃臉情侶鸚鵡及長尾小鸚鵡等一定要在鳥屋內過夜。有些鳥只願意在鳥屋內吃食，卻拒絕在其中過夜，在每天天黑前都要將鳥捉到鳥屋中過夜。

此外，改變棲木的高度，在鳥屋中的棲木高度比在飛行場地中高，鳥類的天性是會在夜間棲落在較高的棲木上，如此一來就可吸引鳥進入鳥屋。

不受歡迎的外來者

除了寒冷外，在冬季還需對齧齒動物和狐狸保持警戒。貓也是一個問題，因為牠們有可能爬到鳥舍上面，使鳥受到驚嚇。現在已有業者出售特製的帶電柵欄，可以防止這類動物。另外，還可在鳥屋的屋頂邊緣支起柱子，用鐵絲網覆蓋，安裝一層假屋頂。

在鳥屋內過冬
冬季的白天可讓鳥到飛行籠中活動，但晚上要注意讓所有的鳥都回到鳥屋內。對許多種鳥類來說，供暖和照明是必需的，尤其是雀類和軟嘴鳥。所有取暖和照明系統的控制器可事先設定好。在冬季，隔離良好有助於減少熱量散失。

如何餵養鳥兒

鳥 兒在大自然中翱翔、覓食，可以自由自在的攝取所需要的食物；雖然一般養鳥人根據鳥的食性，將鳥廣義的畫分成食穀鳥與軟嘴鳥兩類，但大多數鳥類的食性都是多樣化的，有心的養鳥人務必了解自己的愛鳥喜歡那一類的食物，充分提供鳥兒所需的營養。

◆ 種子類食物 ◆

現 代養鳥人對於寵物鳥的營養十分重視，因此飼料業者也在鳥類的營養需求上投入了較多的研究，也有相當大的進展，養鳥人購買各種人工飼料比以往方便多了。

大多數的養鳥人以種子類食物餵食鳥類。穀物種子是雀類的主要食物，碳水化合物含量較高，蛋白質和脂肪的含量較少；其他種子通常主要含脂肪，蛋白質含量也高於穀物種子。對某些特定的鳥類可以購買一些混合的種子來餵養，例如虎皮鸚鵡種子飼料，但種子飼料通常缺乏維生素 A，和一般有營養調配的貓、狗食不同，並不包含維持鳥類健康

虎皮鸚鵡種子

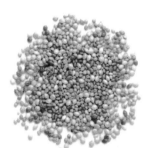

進口雀種子飼料

藍色的魚食（繁殖用）

加那利子

鸚鵡飼料

尼日種子（繁殖用）

日葵種子，其中白色的向日葵子比有條紋的向日葵子更富含蛋白質，而且脂肪含量較少，很多種鸚鵡都特別愛吃松子。

一些在野外會吃乾草的鳥喜歡容易消化的成熟穀粒，養鳥人可將鳥當天要吃的種子放在一碗熱水中浸泡數小時，讓種子吸水後膨脹軟化，便會類似於成熟的種子。這種種子即將發芽，蛋白質含量會提高，適合作為哺育雛鳥的食物，也有助於病鳥生病後康復。

所必需的所有養分。

最常見的兩種鳥食穀物是普通的加那利子和小米，在寵物店常可購買到各式各樣的小米，有些只適合特定種類的鳥，例如，珍珠白小米最適合虎皮鸚鵡，卻不適合雀類，黍小米則適於所有的鳥類。普通的油性種子包括松子和向

鳥的飼料
對於食穀鳥和軟嘴鳥來說，除了保持食物乾燥外，還要防止嚙齒類動物的危害。定期購買一定量的食物，可以保障食品的新鮮，尤其是顆粒狀鳥飼料和軟食性飼料的貯存壽命最短，保鮮尤其重要。

軟嘴鳥的食物顆粒　　　花生米　　　黍穗

鸚鵡的食物顆粒　　　松子　　　軟嘴鳥的飼料

━━ • 水果和綠色蔬菜 • ━━

許多鳥以水果為主食，需要每天餵食，通常養鳥人很快就能估計出每日所需的量。此外，在水果切開的那一面上，細菌和黴菌會迅速繁殖，因此應將前一天末吃完的水果扔掉。

水果的選擇可依居住的地區和季節來決定。很多養鳥人很依賴蘋果，因為購買十分方便，不過蘋果含有大量的水分，其他營養成份卻含量不豐。最好盡量購買無外傷的蘋果，受損的水果並不適於用作鳥的食物。檢查一下果核的周圍有無發霉的現象。軟嘴鳥特別易受真菌病和曲霉病的傷害，因此，應避免接觸任何發霉的東西。通常，徹底沖洗果皮即可，有一些養鳥者則削掉果皮以防止殘存農藥的毒害。

冷凍食品

可以利用冷凍方式來保存和貯藏某些時令水果。方法是把成熟的水果挑選出來，以鳥一天所吃的量分開冷藏。當水果解溶後，用自來水稍加沖洗，晾乾後再倒入食槽。蔬菜也可冷藏，但通常要先在開水中燙煮一下。整支的玉米也可用此方式貯存。

水果的選擇
依季節來選擇水果，例如：當葡萄和櫻桃價格便宜時，就可大量購買並加以冷藏，這種食物對於軟嘴鳥十分有益。

蘋果

無核白葡萄乾

櫻桃

柳橙

葡萄

無核葡萄乾

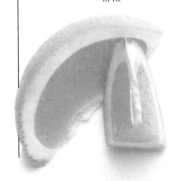

葡萄是許多鳥類所喜愛的食物，雖然有核仍可供鳥食用。桃子之類核太大的水果，最好只餵果肉。如果用櫻桃來餵鸚鵡也要去核。然而，鶄類之類的大型軟嘴鳥在吃完果肉後，會自行吐出櫻桃核。柑橘類水果如桔子也是鳥類的理想食物，富含維生素 C，但可能太酸了。鸚鵡喜歡吃桔子，但要先剝除果皮。不要突然改換另一種水果餵食，否則會引起消化不良，應逐漸在特定時期內變換各種水果的比例。

各種萌芽種子都受到鸚鵡的喜愛，大多數的健康食品店都買得到這些種子及種芽。綠豆芽使用最為廣泛，其他如苜蓿等也很適用，除了富含營養外，還具有鳥類所需的其他物質。但要注意保持新鮮不發霉，在清洗完豆芽後，所放的食物容器要與放置乾燥種子的容器分開，以免水分會滲透使種子萌芽或發霉。

蔬菜

蔬菜主要是為鸚鵡所提供，但對某些軟嘴鳥，特別是蕉鵑類，可讓牠們攝取綠色食物，蔬菜的選擇可依所居住的地區和季節的影響，幾乎世界各地都以四季皆宜的菠菜較為方便餵食，是鈣、鐵、維生素 A 和 B 群的重要來源。在冬季也可供給不同類型的甘藍菜；雖然較不被鸚鵡所喜愛。較大的鸚鵡可餵食整片菜葉，有時侯牠們喜歡吃菜梗。餵食虎皮鸚鵡甘藍菜容易使虎皮鸚鵡患甲狀腺疾病。

維生素 A 最好的天然來源之一是胡蘿蔔，維生素的含量很高，餵食根菜類的胡蘿蔔時應先經沖洗或刮皮。對体型較小的鳥，可將胡蘿蔔切成小塊或刨成細條狀。許多其他種類的蔬菜也可當作鳥食，例如：脫殼或是包在豆莢裡的豌豆。成熟的甜玉米也很受歡迎，特別是對熱帶的亞馬遜鸚鵡來說。有些鳥還吃新鮮的莢豆和生洋蔥。

綠豆

豌豆

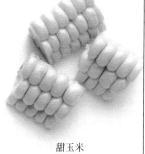

甜玉米

胡蘿蔔塊

✦ 活餌類 ✦

鳥 的飲食習慣在一年中會有不同的變化，例如繁殖期時的梅花雀幾乎以昆蟲為食，這種食物中的蛋白質含量，可幫助雛鳥快速生長。

麵包蟲

傳統的活餌是麵包蟲，即黃粉甲的幼蟲，這類食物對輝椋鳥等許多大型鳥很適合，但對小型軟嘴鳥來說則太大了。麵包蟲體外有一層堅韌的幾丁質表皮，只有當蠕蟲蛻皮時，才易於消化。從營養的角度來看，麵包蟲含有31%的脂肪和56%的蛋白質，通常按重量以小包裝的方式出售，買回來的幼蟲可放在乾淨的冰淇淋盒內，並在盒蓋上留通氣孔，盒內可放些蘋果條來提供濕氣。一次只給鳥兒餵食少量的麵包蟲，否則麵包蟲可能會逃走。

果蠅和蛆

果蠅是蜂鳥和太陽鳥的主要食物，但無法在一般商店購得，因此須自己培養，方法是把初始培養基放在一桶香蕉皮裡，溫度保持在21-25°C之間。果蠅孵出後，在薄棉布上開一小洞讓果蠅能飛繞在鳥舍中。

在過去，蛆曾被廣泛用作鳥食，但由於牠們以腐肉為食，餵食蛆很容易讓鳥兒冒著食物中毒的風險。而且各種鳥兒都難逃噩運。

蟋蟀

蟋蟀大受養鳥者青睞的原因是這類昆蟲只須以穀物和青草為主食來餵食，可以把牠們養在有蓋的水族箱中，提供合適的隱蔽場所，如捲起來的報紙，並以溼潤的海綿提供水分。蟋蟀比麵包蟲的營養成分更豐富，含13%脂肪和73%的蛋白質，不過鈣的含量不高。在用蟋蟀餵鳥之前，飼主通常會在牠們身上撒一種粉狀的添加劑。不必再添加鈣，因為維生素D3有吸取鈣質的作用。

剛剛孵出的蟋蟀大小適中，外殼柔軟，很適合較小的軟嘴鳥食用；也可自行繁殖蟋蟀，雌蟋蟀的腹部有一尖突可將卵排到濕的沙之縫隙內，將卵保存在大約27°C，約兩周時間即可孵出。

活餌
這類食物在軟嘴鳥和雀類的飲食中特別重要，尤其是在繁殖季節和雛鳥出生後，需要量很大。因此事先準備好適量的活餌非常重要。

麵包蟲　　　　　　　　蛆

其他活餌

近來有業者以人工養殖適於各種體型鳥類食用的蝸牛，鷸亞科之類的鳥本來就吃蝸牛，但以花園中蒐集來的蝸牛餵鳥則有感染寄生蟲的危險。

只要不在花園內噴灑殺蟲劑，就可以採集到安全活餌。蜘蛛是許多軟嘴鳥最喜愛的食物，只要在草叢中拖動深網，便可捕捉到各種適合作為鳥食的無脊椎動物。

鸚鵡類這種最大的軟嘴鳥，能吃掉綠蠅的幼蟲，在賣蛇食的商店可以買到這種冷凍包裝的食物，買回來後把牠們放在室溫下，經過一夜溶解，但只準備一天所需的數量即可。

某些鸚鵡在野外還捕食小型哺乳動物，這種食物比切碎的肉類或牛肉更有營養，因為碎肉缺乏維生素 A，而且其中所含的鈣、磷比率嚴重失調。

自己培養昆蟲

並非所有活餌都能買到足夠的數量，在某些情況下，有時飼主必須購買初始的培養基，來培植活餌。例如養蚯蚓來餵養梅花雀的幼鳥，蚯蚓和小蠕蟲都容易在潮溼而墊有泥炭的塑膠容器內存活，只需在容器蓋上打些通氣孔，並把牠們放在一片泡過牛奶的全麥麵包上就可以了。

蝗蟲

蝗蟲與蟋蟀外型類似，但體型較大，不適合較小的鳥食用。在用來餵鳥前，可把蝗蟲放進通常用來裝蟋蟀的容器內，餵食新鮮的青草。

蟋蟀

蝗蟲

跳躍的昆蟲
選擇蟋蟀或蝗蟲的優點之一是牠們有各種大小的體型，小的跳蟲就適合小型的鳥。這些無脊椎動物不難養活，所以幼蟲時即買回家飼養，你甚至還可以自行繁殖，自給自足。

◆ 保健食品 ◆

鳥類沒有牙齒，所以必須依賴砂囊來磨碎食物，砂囊粗糙的表面可磨碎種子，防止食物顆粒粘結成一大團，等食物由各種酶分解後再由腸壁來吸收。

是否餵食砂礫一直有爭議，但應是有利無害的。它有助於滿足鳥體對礦物質（例如鈣）的需求，也有助於這類物質的分解。牡蠣殼粉比砂礫更易於溶解，因此最好給鳥兒混合物。餵食虎皮鸚鵡的砂礫也很適合金絲雀、雀類、雞尾鸚鵡以及小型的長尾小鸚鵡，鴿子所食的砂礫則最適用於大型鳥類。

除砂礫外，一些經常吃種子的鳥也應供給烏賊骨，這種來自海中的軟體動物，是鈣質的基本來源。鈣是蛋殼形成的基本物質，因此在繁殖期提供這種附加食物格外重要。對於虎皮鸚鵡還應提供碘塊，對於維持甲狀腺的正常功能相當重要，而甲狀腺則產生與身體活動的調節功能有關的荷爾蒙激素，虎皮鸚鵡對碘的需求量要比其他種類的鳥高得多。

添加各種維生素

近來適於鳥使用的食物添加劑很容易買得到，但科學上很少有關於鳥類確實的營養需求研究，造成添加劑在使用量上無法精確評估。在一些案例中也曾經發生添加劑過量的問題，特別是維生素 A 的過量，而維生素D3過量的情況則較少。

在使用添加劑之前，要仔細查看鳥的食物並估計可能缺少什麼。例如：鸚鵡只吃種子，而不吃新鮮食物，就可能造成維生素 A 和鈣的攝入量過低，特別是當牠們不太吃餵食給牠的烏賊骨時更應注意。

維生素添加劑有粉狀或液狀。後者所含成份較少，常缺乏某些必需氨基酸。只是簡單的將粉末添加劑灑在乾種子上是不夠的，因為粉末無法全部黏在種子上，雖然粉末可粘在浸泡過的濕潤種子（第147頁）表面，但大多數鳥不吃種子的表殼，上面的添加劑自然隨之被拋棄了。

可以用浸泡過的種子代替鬆散的粉末，來餵食雀類和鸚鵡，這兩種鳥比軟嘴鳥更容易患上營養失調症。有些經過浸泡的種子已由製造商做過特殊處理，可防止營養缺乏，而且與普通種子一樣美味可口，餵食前先閱讀食品包裝上的

自己處理烏賊骨

如果你住在海濱地區，便能發現被海水沖到海灘上的烏賊。將烏賊身上的附著物和軀體剝除，把烏賊脊骨在自來水下徹底沖洗，浸泡在一桶清水中，以除去多餘的鹽分。然後每天換二次水，一周後再次沖洗並放在陽光下曬乾。等到完全乾燥後，裝到塑膠袋中，便能長久貯存。

說明，以免餵食過量，引起一連串的健康問題，例如：骨骼變形、腹瀉、體虛甚至死亡。

特別要注意的是，使用一種添加劑對鳥類是有益的，但兩種添加劑一起使用，就有可能使其中某種化學成份的量加倍，加重愛鳥的身體負擔。

另外有些食物，也可以增加鳥類對維生素的攝取量，如虎皮鸚鵡的飼養者常用魚肝油，含有維生素 A 和 D。餵食方法是把一湯匙液狀魚肝油加到9公升桶裝的種子裡，混合拌勻即可。但要注意，變質的魚肝油反而會導致維生素 E 的缺乏。

如果給鳥食用的是須溶於水的添加劑，裝水容器就該放到陽光直射不到的地方，否則維生素含量將迅速降低。這樣也可以抑制水中生苔。

一般食品添加物 *砂礫為食穀鳥類所必需，包括炭粉、烏賊骨和碘塊等。紅胡椒末是一種天然的色素添加劑，對所有鳥類都有益。*

碘塊

粉末添加劑

鸚鵡咀嚼環

礦物質砂礫

紅胡椒末

碎牡蠣殼

炭粉

烏賊骨

◆ 花蜜和顆粒飼料 ◆

軟嘴鳥的飼料沒有特別固定的一種，大多數是以水果、昆蟲和軟食性飼料相混合來飼養的。軟食性飼料可以在鳥店或專門的供應商處買到。有些飼料是給食蟲鳥食用的，例如鶲類；有些飼料則是為了滿足食果鳥類的需要。使用軟食性飼料比較浪費，因為很少有鳥會偏好這種磨碎的飼料，而使鳥不能獲得足夠的營養。軟嘴鳥主要挑水果和一些無

喜食紅色的鳥
很多鳥類喜歡紅色，因此已有為蜂鳥之類的食蜜鳥設的特殊的飲水器。開口周圍為紅色，可吸引鳥類從此處飲水。

脊椎動物來吃，因此一定要將軟質飼料和水果充份混合均勻。

隨著顆粒食品的問世，大小不同的顆粒食品，已可以滿足各種軟嘴性鳥類的需要。有些品牌的顆粒食品或磨碎的軟質性飼料，在使用前要用水浸泡或拌勻，這樣可以增進美味，吸引唐納雀等較小的軟嘴鳥，有些顆粒食品也很容易碎成一堆，徒增麻煩。

花蜜食品

蜂鳥和花蜜鳥，需要定期餵食花蜜溶液。此種專為這些鳥類配製的飼料，無論是糊狀或粉末狀都有出售，兩者皆需按使用說明加適量的水混合。

花蜜是一種能迅速被鳥體吸收的甜液，在體內可製造出對軟嘴鳥

有益的養分，尤其是對長途飛行後的鳥更有幫助。許多唐納雀類也吃花蜜，某些鸚鵡也能以花蜜和花粉飼養，花粉主要是由蛋白質構成。過去的食花蜜鸚鵡和其他花蜜鳥都是以液體花蜜餵食，現在已經有使用乾燥的花蜜粉的趨勢，你可以為色彩鮮艷的鸚鵡買到好幾種品牌的乾燥花蜜飼料，餵食時得先把花蜜粉撒到水果上，誘使鳥兒食用，短尾鸚鵡類也可因定期餵食花蜜而受益。

對花蜜鳥類不要驟然改變飲食，應在數周內逐漸改變，以免引起鳥兒腸胃不適。這對於剛來的鳥特別重要，因為任何太明顯的飲食變化，再加上載送中所受的驚嚇，很可能引起腸原性毒血症，即由腸內毒素感染血液。

◆ 飼料盒 ◆

大多數鳥籠中裝有兩個塑膠瓶，其中的一個瓶子是專門用來裝砂礫的。水要裝在特殊的容器內，可把盛水的容器放在鳥籠外面。

飼料盒和飲水容器

金絲雀在攝食時容易糟蹋飼料，把種子撥撒得到處都是，只揀食牠們愛吃的，例如小麻子。這時可用除穀器從穀殼中回收未吃的種子，但這些種子有可能已被弄髒了，如果讓其他的鳥食用這些飼料，有可能引起疾病發生，因此種子還是得經過完全乾燥的處理，以防止發霉。

大多數除穀器對篩選一般鸚鵡食用的葵花子和其他較具重量的種子效果不彰；不過鸚鵡一般都不挑嘴，會吃掉所有飼料。一定要給鸚鵡裝置堅固的飼料容器，尤其是對那些具有破壞力的種類。有些鸚鵡很快就學會如何打開掛在鳥舍鐵絲網上的容器，除非用夾子把這些容器固定住。

對於體型較小而且破壞性不大的種類，例如澳洲長尾小鸚鵡可使用塑膠食器，但對喙較強壯的鸚鵡，例如非洲灰鸚鵡以及金剛鸚鵡等，就需要用金屬製容器。注意檢查這些容器是否有鋒利的邊緣，以免刮傷鳥喙。可為鸚鵡購買特殊的，不易被毀壞的玻璃飲水器。由於大型的金剛鸚鵡能壓壞塑膠管，因此需用不銹鋼來代替。水瓶通常都漆成綠色，防止長出青苔。

裝飼料的容器

這些掛在鐵絲網上或鳥籠前面各種大小形狀的容器，用以盛裝各種不同的食物。較小的容器可裝浸泡過的種子，而大容器裝切塊的水果，麵包蟲和蟋蟀等活蟲餌。

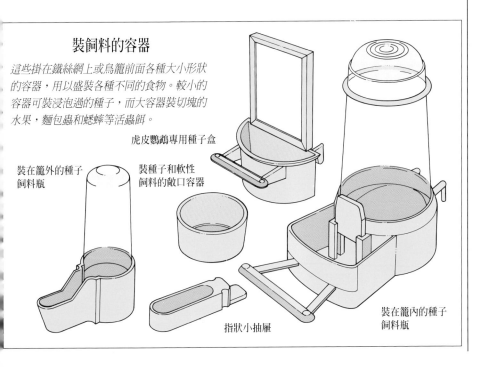

虎皮鸚鵡專用種子盒

裝在籠外的種子飼料瓶

裝種子和軟性飼料的敞口容器

指狀小抽屜

裝在籠內的種子飼料瓶

• 餵食技巧 •

大多數鳥籠配有兩個帶蓋的塑膠飼料容器（第155頁），這對單獨養在籠內的虎皮鸚鵡幼鳥，卻造成了困擾，因為缺乏有經驗的成鳥來教牠們如何取食，造成牠們不願意去食用器皿中的飼料。為了吸引鳥的注意，可在食盆周圍的地面上撒一些種子，但不能讓鳥吃飽，否則牠們就不會嘗試到食盆中進食。

敞口無蓋的容器也可用來裝飼料，但不能盛水，否則很快就會被食物，灰塵和糞便弄髒。將敞口食盆放在棲木旁邊，鳥兒才不會把食物撒得到處都是。

選擇適當的餵食地點，使鳥不會缺少食物或受其他喜獨占食物的鳥所驚嚇。尤其當一群鳥養在一起時，更容易發生上述爭食的情況，這也可能發生在一對

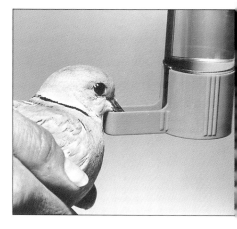

學習飲水 幫助鴿子或斑鳩在鳥舍中找到水，並將牠們的喙浸到飲水器中幾秒鐘。

鸚鵡之中，其中會有一隻大半時間都占上風，在其他鳥群裏，這種侵略行為較可能發生在繁殖初期。

撥撒食物的鳥兒
把軟嘴鳥的食器放在適當的地點，以便清理這些鳥撒得到處都是的食物。

飲水

絕對不要在鳥舍外面的飛行場中餵食鳥類，不然食物將變潮、發霉，但可以在飛行場地中飲水。通常應把水裝滿，但在冬季則要特別注意避免水結冰而導致瓶子破裂。

在寒夜過後，要檢查一下這些飲水器，導水管裏可會結冰堵塞，雖然瓶中的水未凍結，鳥仍無法順利飲水。如果你早晨很忙，應準備一套備用的飲水瓶來代替凍結的瓶子，然後在早晨和下午查看瓶子中餵鳥的顆粒食品和飲水。

換羽和餵食生色劑

某些鳥的羽色會受食物的影響，例如雀類和軟嘴鳥的紅色羽毛。現在可買到特製的生色劑，使鳥羽在連續換羽期中，不至於出現令人討厭的淺紅色。生色劑最初是在上個世紀被偶然發現的，當一位金絲雀飼養者給一隻顏色不對勁的鳥餵過一些辣椒粉後，驚訝地發現這隻鳥新長出的羽毛顏色大為改觀。

胡蘿蔔一樣具有類似的功效。目前大多數養鳥者都使用合成的生色劑，它們以軟質食品或液體的形式出售。

何時餵食生色劑

在換羽時期開始前便餵食生色食品，以便使鳥的新羽能攝取等量的生色劑。此劑被身體吸收後，經由血液到達羽毛發育部位，然後再進入羽毛本身。

金絲雀的換羽期相當穩定，因而容易估測何時該開始餵食其生色劑。但對於新引進的軟嘴鳥，例如紅冠蠟嘴鵐，則較難估算其餵食時間。

一些養鳥者喜歡每周使用一次生色劑，使那些脫落的羽毛都能被同樣色澤的新羽所取代。但切勿使用過量，因為生色劑在一段時間之後，會造成脂溶性維生素的缺乏。對於軟嘴鳥，可將生色劑撒到水果上；但對吃種子的鳥類，則必須把生色劑加入牠們的飲水中攪勻，記得先以少量熱水來拌勻所需用量的生色劑，然後再用冷水稀釋。即使是用這種方法來準備的生色劑，也可能會產生沉澱。若使用的是管狀飲水器，每天早上將瓶身倒過來，輕輕搖動一到二次，以使生色劑均勻散開。

除了含有類胡蘿蔔素的紅色食品之外，還可買到其他兩種類似產品，一種為黃色生色劑，它們存在於各種柑橘類水果和青草中，是生成維生素 A 的物質，可用來餵食各種雀類和軟嘴鳥。

在過去，對諾威奇金絲雀、約克郡金絲雀以及染色金絲雀都使用一種紅色的生色劑，以激發出這類鳥所需的橙紅色色調，但經常出現令人討厭的微褐色。這種現象目前已得到解決，即是按照產生真正橙色的新式生色劑的說明餵食就行了。

生色劑

餵食生色劑最簡單的方式，就是依照軟食性飼料的餵食方法，此法可減低使用過量的危險。過量攝取生色劑通常是無害於鳥的健康，雖然鳥糞會變紅，羽毛也可能變成微褐色，但等下一次換羽時，便可恢復正常色澤了。如果太遲餵食生色劑，翅膀基部和胸部的羽毛都會比其他部位的羽毛顏色淺。

記錄鳥的換羽期，以便來年可充分準備，並在恰當時間餵食生色劑。如果是打算參展的外國鳥，那麼，確定你所用的生色飼料能使鳥在換羽後，仍能保持其天然色澤，就更加不容忽視了。

日常的照顧

把鳥兒照顧好並不難。飼鳥人只要每天早晚對鳥兒投注愛心和關懷，時常花點時間觀察鳥兒的行為，這樣一旦鳥兒出現患病的早期症狀等等現象，就可以馬上加以處理，使鳥兒常保健康。

◆ 適應新環境 ◆

剛進口的小鳥，都會有一段隔離期，然而，隔離之後仍要花上兩年時間才能完全適應本地的氣候。

如要購買隔離期剛結束的新鳥的最佳時機是在春季。買回來之後，先將牠們關在室內一個月後再放到鳥舍中，讓牠們在鳥舍中度過夏季並逐漸安頓下來；冬季時再將牠們放回室內，或移置到鳥屋及有暖氣設備的環境中。

第二年也以同樣的方式飼養，但必須注意不可以在霜凍結束前把鳥放出戶外。通常，鳥兒此階段已換羽完成，因此鸚鵡和八哥等大型軟嘴鳥可以開始在戶外過冬，但晚上仍須將牠們關在可以保暖的鳥屋中。當然，如果飼鳥人居住在氣候溫和的地區，防寒措施就可以簡化許多。

飼養新鳥時還必須特別注意，千萬不可唐突的將新鳥放進已經飼養一段時間的鳥群中，以免新鳥遭到排斥和欺凌，這種情形在繁殖期最為明顯。

痛苦的跡象

如果飼鳥人最近才剛把鳥放到戶外，那麼更要仔細觀察牠們，尤其是軟嘴鳥的羽毛最容易處於不良狀況中。如果發現軟嘴鳥的尾羽沾滿鳥舍草地上的汙泥，表示可能浸泡在飛行運動場的髒水中，這種情形很難避免，只能在把鳥釋放到鳥舍前替牠們洗浴，或在大雨時將牠們關在鳥屋中。被淋濕的鳥兒要立即帶到室內處理，待羽毛晒乾後再放回室外。

放出室外的鳥兒應先在鳥屋中留置一日，再讓牠們回飛行運動場活動，如果僅僅隨意把鳥兒放到室外，牠們很可能就不願意再進入鳥屋攝食了。鳥兒在遷入新居的幾天裡，會有些緊張，因此要盡量避免鳥舍附近的一切干擾。尤其要注意貓的出現，引起沒有安全感的鳥兒的恐慌，但是一旦貓意識到無法接近鳥兒，對騷擾鳥類就失去興趣。

外出度假時

要找一個對鳥兒經驗豐富的人來照顧鳥兒的確很不容易,最好的方法就是平日即加入養鳥團體,從中結交鳥友互相幫忙。如果鳥舍中有好幾對鳥須要照顧,在度假前就應該把所有的鳥兒編號,飼料的名稱和分量也應該一一標示清楚,雛鳥的情況也要特別交待,這樣一來,鳥兒才能得到適切的照顧,自己的假期也更輕鬆愉快了。

檢查,以便讓獸醫熟悉鳥兒的健康狀況,此外,還要準備一個醫用鳥籠,和其他用於醫治病鳥的設備;在緊要關頭,就靠這些不時之需來救活鳥兒了。

在度假前夕最好不要飼養新鳥,因為要求別人付出加倍愛心和關注來照顧自己的新鳥,實在是強人所難的一件事。

此外,幼鳥比成鳥脆弱得多,因此如果飼鳥人一覺得某隻鳥不對勁,最明智的做法就是把牠移到室內飼養,密切觀察牠的活動情況、食物消耗量或檢查糞便,找出問題所在,再找適當的時機將牠放回鳥舍中。萬一鳥兒真的患病,就應該趕快找出附近獸醫姓名和電話號碼,平時最好也請同一位獸醫幫鳥兒定期

紅玉雀
這種羽色醒目的小型梅花雀較不容易飼養,在冬天尤須提供充足陽光和保暖設備。

◆ 噴水和沐浴 ◆

為了使小鳥保持健康，必須讓小鳥定期洗浴，以除去羽毛上的害蟲和寄生蟲。不洗澡的鳥兒羽毛會變得乾燥蓬鬆，嚴重的話還會得脫毛症，這種情況在鸚鵡類身上最為明顯。

除吸蜜鸚鵡外，多數的鸚鵡不會在水盆中自己洗澡，因此，飼鳥人可以灑水在鳥籠上，讓鸚鵡淋浴。

淋浴前先將鳥兒周圍的食罐移開，防止鳥籠內的物品潮濕和發霉，最好在清理鳥舍前幫鳥洗澡，清理時就可以順便更換鳥籠底部潮溼的覆蓋物。

雨一樣從上往下滴到鳥的身上，減少鳥兒的恐慌。

千萬不要直接把噴壺對準鳥來噴水，否則鳥兒一看見噴壺就會激動而鼓噪起來，鸚鵡還會大叫呢！八哥也喜歡水浴，雀類通常對水浴的興趣不大，養在室內的雀類大約每2周噴1次水即可，喜歡水浴的鸚鵡類則可以在1周内洗2-3次澡。

虎皮鸚鵡的浴室

有一種虎皮鸚鵡專用的浴室，可防止鳥籠周圍被濺溼，把它貼附在鳥籠的門上，然後在淺水盆裡裝滿水，讓虎皮鸚鵡到裡面隨心所欲的濺水。還可以購買特別製作的羽毛促進劑

植物專用噴壺

利用幫植物噴水用的噴壺裝滿溫水，讓噴壺噴出細霧狀的水，最初，鳥兒會對噴壺產生緊張感，因此最好使水滴像下

為白鳳頭鸚鵡噴水
定期噴水可以減少室內鳥羽毛上的灰塵，並使羽毛保持柔軟和光滑，須注意噴水的方向，使水滴像雨水一樣灑下來。

加在水中，可增加羽毛的光澤。

　　如果鳥的身上不是很髒，通常不須要另外沖洗鳥，但是如果整隻鳥掉到花蜜中就另當別論了。剛買回來的軟嘴鳥，看起來都會很髒，最好耐心等幾個星期，讓牠們在新環境中安定下來，並對主人產生信任感後，再加以沖洗，否則就很容易嚇著牠們。

腳部護理

當鳥的腳被糞便或食物弄髒時，一定要立即處理。這種情況最常發生在購買鳥之後，從鳥店回家的途中，鳥腳會沾上盒子底部濕粘的食物（第127頁），因此，最好將鳥迅速帶回，或準備幾片切好的小塊蘋果，大多數軟嘴鳥都愛吃蘋果；對於小型的食蜜鳥，則可以把花蜜裝在盒中特殊的飲水器中，以避免出現上述情況。萬一這些污穢物乾硬了而難以清除時，可以把養樂多瓶之類的容器洗淨裝滿溫水，每次將一隻鳥腳浸泡到水中1分鐘左右，等污物被水泡軟，便可以將它們刮除。

　　刮除污物時務必小心，否則可能引起出血，使皮膚的傷口增加感染的機會，而使局部的血液循環受阻而引起腳趾潰爛壞死。預防之道是在洗淨鳥足後，用殺菌藥膏輕輕的抹在鳥腳上，把腳上的小傷痕輕輕覆蓋起來。隔一段時間後，須再次檢查鳥腳，看看是否所有

給鳥洗澡

· 有些鳥不願意單獨洗澡，卻會在濕潤的綠色食物中翻滾，這時牠們可能蹣跚而行，但並非病徵。

· 浴盆中的水用過後，應立即倒掉，並徹底清洗。

· 四邊封起的鳥用浴盆可防止周圍被濺濕。

· 要將鳥用浴盆緊繫鳥籠的一側，否則會讓鳥兒逃走。

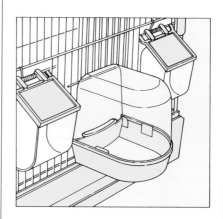

鳥用浴盆
有些鳥用浴盆可掛在鳥籠的前面（上圖），有些則設計成抽屜式的浴盆（右圖）。

的小傷痕均已痊癒，並儘量防止鳥腳再次弄髒。在鳥舍中，糞便不會侷限在一小塊地方，但鳥籠裡的墊子則每天至少要更換2次才能保持清潔。

儘量不要在地面上餵食飼養在飛行運動場中的鳥，以免增加他們碰到地面的糞便等髒污的機率。同樣的，如果為鳥類提供一個大而淺的食盤，他們就會跳到盤上尋找其喜愛的食物，鳥腳上沾粘糞便傳播疾病的可能性就更大了。

展覽期間的照顧

如果飼鳥人準備參加鳥展（第188－193頁）應在展覽會開始前兩天幫鳥兒洗澡，以便使羽毛有時間恢復原樣，最好集中在早晨沖洗鳥羽弄髒的部位，以便有一整天的時間可以自然乾燥。

　　清理時需要兩個碗、一把軟刷子、一瓶兒童專用沐浴精和紙巾，在碗裡盛上溫水，把羽毛弄髒部位浸到碗中，加入少許沐浴精來清洗羽毛上的污物，然後以紙巾吸乾羽毛上的水漬，再把鳥放回籠中，讓牠待在暖和處

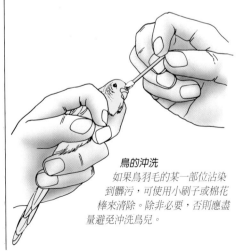

鳥的沖洗
如果鳥羽毛的某一部位沾染到髒污，可使用小刷子或棉花棒來清除。除非必要，否則應盡量避免沖洗鳥兒。

梳理羽毛

健康的鳥會定期的用嘴梳理自己的羽毛，這樣可使羽毛光滑並清除新生羽毛的羽鞘。用洗髮精(粉)幫鳥兒洗澡，可能除去鳥羽上的脂質使羽毛失澤，但鳥兒自己梳理羽毛時，會將尾基部上尾脂線分泌的脂質塗在羽毛上，使羽毛防水。

　　鳥的臉上很容易沾上綠色食物或胡蘿蔔的渣籽，因此參展前應停止餵食這類食物。清理鳥的臉部時要用手保護鳥的眼睛，並且絕對不能握住鳥的背部，以免有泡沫的水會倒流入鳥的眼睛，引起眼疾。

◆ 防治鼠害 ◆

老鼠是養鳥之患,但是大老鼠卻可能傷害或殺死鳥類,小老鼠只能干擾孵卵期的雌鳥。

嚙齒動物的煩擾是可以避免的,特別是當鳥舍保持良好的狀況時,嚙齒動物便無機可乘。散落的種子會引來嚙齒動物,因此,應立即清掃乾淨,尤其是飛行運動場更應常加以清掃,否則小老鼠就會從縫隙中一隻一隻鑽進來,不久之後甚至在鳥舍中定居,小老鼠還經常在鳥舍的牆縫中活動甚至繁殖,而且鼠尿浸溼周圍的墊子,使飼鳥人疲於更換。唯一的預防方式是只在鳥屋內餵食,並且每周至少清掃地面兩次。

上。飼鳥人可先觀察兩三個夜晚,確定老鼠會在那偷吃食物後,就可設置捕鼠籠,將種子撒在地面和捕鼠籠入口處誘捕老鼠,老鼠一被關入捕鼠籠中,就無法逃脫了。這種捕鼠籠在鳥籠、鳥舍和鳥屋內使用都十分安全。毒餌是消滅大老鼠這種有害動物的最可行的方法,對老鼠也有很大的殺傷力,這些東西在五金行和園藝中心都可以買得到,關於鼠害方面的任何問題,也可向衛生所的鼠害防治工作人員咨詢。

如果發現花園中的草地被密集的挖開的話,很可能就是老鼠的傑作。順著老鼠洞找出鳥舍內外的通道,有效的封閉阻斷,也能消弭鼠患。

老鼠夾

市面上有各式各樣的老鼠夾,但精明的老鼠幾乎很快就學會避開它們。使用老鼠夾前最好先移走所有的鳥兒及食物,再將毒餌和老鼠夾放在鳥舍中老鼠較常攝食之處,就可在老鼠定居前將其全部消滅。

如果不多加小心,在鳥舍中使用老鼠夾會對鳥兒產生相當的危險,例如:天黑後老鼠夾發出的聲響會產生干擾,並導致鳥兒瘋狂的四處飛撞。

現在的趨勢是以捕鼠籠代替老鼠夾來對付老鼠,這種鼠籠有的只能捕捉1隻有害動物,有的一次可捕捉一整打以

治鼠利器

新近發明的超音波嚙齒動物驅趕器,利用超音波使老鼠產生不安,而不敢接近籠舍,使用人可自由調整驅趕器的頻率,避免鼠類產生免疫力。由於人和鳥均不會受到干擾,因此可以安全的在鳥舍中使用,唯一須注意的,就是不可讓家中飼養的倉鼠、松鼠等嚙齒類寵物靠近驅趕器。

◆ 清潔和消毒 ◆

鳥舍的周圍如果飼養家禽的話,受嚙齒動物危害的可能性就更大了。清潔的環境是阻止嚙齒動物的最佳途徑,並且可以盡早覺察嚙齒動物的活動。

清潔程序隨鳥的種類及飼養方式而異;結實的掃帚、小鏟子、簸斗和刷子是最基本的工具,清理時最好戴上面罩,以免吸入過多的灰塵。

飛行運動場不需要像鳥舍那麼頻繁的打掃,只要定期清理積聚在棲木下的髒污,及換羽期間掉落的羽毛即可。

繁殖期時盡量不要驚擾鳥類,其他時間也應小心慢慢走入飛行場,並避免久留,以免擾亂鳥兒的生活。等鳥兒習慣了這種程序,就會在清掃時自動退回鳥屋裡去。消毒前先反覆打掃飛行場的地面,清除寄生蟲。這個程序對養有澳洲長尾小鸚鵡或鶡尾鸚鵡的鳥舍更為重要,然後可以水管沖洗地面,再倒出一桶稀釋的清潔液,用長柄掃帚刷洗地面。在消毒中一定先沖地面,以免有機物質的存在降低消毒劑的功效。

各種消毒劑

不同種類的消毒劑可以達成不同的功效,漂白粉(次氯酸鈉)最為常用,對許多種細菌和病毒都有效,太骯髒的環境會使其效力降低。

酚類消毒劑適用於無法徹底清掃的環境,也可用於沖洗鳥籠。

季銨化合物適於清潔較乾淨的場地,例如:人工餵養場的食槽和水罐,使用後一定要徹底沖洗每一樣東西,否則會有中毒的危險,特別是雀類,可能會飛到地面的水坑中飲水。雖然這類消毒劑沒有太強的毒性,但讓鳥類吃下這種東西,多少會影響健康。

清潔鳥舍的注意事項

· 每周清洗飛行場地一次。

· 每周清理鳥屋2次。

· 選擇適合的清潔劑使用。

· 地板墊上報紙,必要時可用膠布貼牢,以便清掃。

· 清理鳥舍時記得戴上面罩和口罩,以免吸入太多灰塵。

· 不要在鳥的繁殖期大肆清理,以免干擾繁殖。

· 在鳥舍中慢慢走動,不要嚇著鳥兒。

· 消毒後要徹底清洗所有容器。

· 繁殖期後,徹底而仔細的清理巢箱和巢盤,絕不可留下任何蟎蟲和蟲卵。

節省清理的時間

用報紙墊在鳥屋的地面,撒落的食物及糞便就可輕易除去。尤其是軟嘴鳥的食物很容易變酸發霉。大型鳥的翅膀可能

大掃除
*要消滅蟎蟲,一定要將巢箱中所有明暗的角落都
徹底清除乾淨。*

會撥亂報紙的位置,但如果舖放得當,
還是可以密密的蓋住地面,用膠布黏住
報紙亦可。

在虎皮鸚鵡的鳥舍中,為了減少
種殼的散落,可使用一種下面有淺盤
的特製漏斗,裝滿後倒掉即可。
養有鳥類的地方總會有一些種殼碎屑,
為方便起見,可購買小型真空
吸塵器來清理,省時
又省力。

鳥屋中的灰塵可借助離子空氣
清淨機來處理(第142-143頁),
如果能每天清除,鳥舍中就不會
灰濛濛的了。

如果鳥屋是木質地皮可舖上塑膠
板和亞麻布,這兩種墊子平整耐磨,
十分實用,而且平時也很容易清理,
每年最好有一次徹底的大掃除,
將舖襯的墊子清洗一次,
飛行籠也要盡可能的拆下來刷洗,
並且重新裝修。鳥還留在鳥屋的話,
就不可以漆油漆,因為油漆揮發物
對鳥類健康有不好的影響。
要特別檢查巢箱角落是否有蟎蟲孳生,
以免讓鳥兒在下一個繁殖季
受到感染。

減少髒亂
*使用附帶移動式淺盤的漏斗來接住虎皮
鸚鵡所散落的種殼,只要定期清理,就可以保持
鳥舍清潔和空氣清新。*

繁殖與育種

區 分某些鳥類的性別很簡單，因爲雄鳥和雌鳥的羽色存在著明顯的差異。對於虎皮鸚鵡而言，可藉由上喙基部周圍柔軟的蠟膜的顏色來判斷性別。此外，那些不能用肉眼鑑定性別的鳥，就必須藉助其他方法來判定性別。

◆ 性別鑑定 ◆

鳥 的性別鑑定問題，在19世紀末就開始研究了，那時是根據骨盆來判斷性別，由於當雌鳥要產卵時，骨盆之間的間隙會增大以便讓卵通過，繁殖期與非繁殖期的雌鳥因而有明顯的區別。不過，此法只適用於繁殖鳥，對繁

殖期以外，或尚未發育成熟的鳥，便無法區分雌雄。

確實的判斷性別對鸚鵡的繁殖來說十分重要，因此，人們在1970年代便開展了該領域的科學研究，根據同種的雄鳥與雌鳥之間性激素比例上的差異發明了

核型法

因爲鳥的性別在一出生後即已確定，因此雛鳥的性別也可以利用適當的方法來判斷。染色體核型法所需要的全部材料只是一枚生長中的羽毛，因而是一種不具傷害性的性別鑑定法，而且花費不大，越來越受歡迎。對於需要數個月才能發育完全的鳥來說，這種方法的主要優點是當鳥離巢時，即能可靠的判定性別，飼主可立即決定要留下哪種性別和羽色的種鳥來進行繁殖，大大節省了鳥舍的空間。

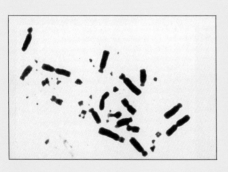

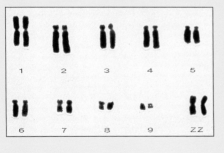

染色體的差異
緋紅金剛鸚鵡的核型顯示出有9對染色體以及1對性染色體（zz）。當細胞未分裂時（左下圖），染色體以成對的形式排列，在雄鳥中，zz染色體對的長度是相等的。

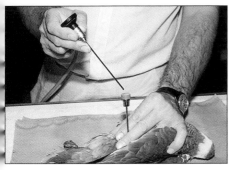

第一種方法：鳥糞類固醇分析法。然而，這種方法的準確性並非百分之百，因為類固醇的實際水平隨鳥種不同而有變化，因此無法確實而直接的斷定。

外科鑑定性別法

1980年代剖腹鑑定性別法開始被採用，一直沿用至今。就外科幾種鑑定性別的方法而言，剖腹法因可直接看見內部的生殖器官而具有可信度。隨著鳥用麻醉劑的發展，以及內視鏡的小型化，已使各種鸚鵡和許多軟嘴鳥的性別可以此方法來鑑定。然此法對於未發育成熟的鳥，仍不能準確判定性別。

核型法

核型法是根據活細胞核內性染色體的不同來進行性別檢查，當細胞不分裂時，基因所在的染色體以成對的形式排列，在此階段依染色體圖譜或核型，可判斷性別的染色體對。

以染色體核型法來鑑定性別的精確性很高。它不同於鳥糞類固醇分析法，不涉及任何比例問題，而且此法比外科鑑定性別法對鳥造成的危害更小，它不需使用任何麻醉劑，是目前最安全的一種鳥類性別鑑定法。

亞馬遜鸚鵡的外科鑑定性別法
此法的優點是獸醫可以直接觀察鳥的生殖器官，檢查是否有不正常現象或曲霉病等常見症狀，還可查看此鳥是否能夠立即進行繁殖。

生殖系統

多產的虎皮鸚鵡可在一年内的任何時間築巢繁殖,而金絲雀之類的雀鳥,則具有一個較為明顯的繁殖期,僅在春季和初夏築巢。鳥類通常只有在健康狀況良好,並且適應了周圍環境時才會繁殖,因此,如希望鳥在次年能繁殖,在冬季開始前便要使某對鳥建立配偶關系。如果在春季才將配對的鳥放在一個新的鳥舍内,結果可能會令人失望,即使他們以前在一起繁殖過也是一樣的。

新近引進的鳥兒須經過充分的時間才能定居下來,他們在新居中第一次換羽之前可能不會繁殖。處於繁殖狀態的鳥會表現出很明顯的跡象,例如:雄鳥時常會招惹雌鳥,也變得更愛鳴叫。金絲雀的歌聲很吸引人,而鸚鵡粗厲的叫聲可讓人不好受。

如果以繁殖為目的,至少應準備2對同種的鳥,如果這兩對鳥都繁殖,飼主便可以血緣關係不同的幼鳥交配,繁殖第二代。要達到此目的,所花時間的長短主要取決於有關的物種。各種鳥的繁殖情況都不太相同,例如:小梅花雀可在1歲時進行繁殖,而鸚鵡則要4-5年的時間才能有繁殖能力。

性徵

對鳥進行外科鑑定性別時,一定要從鳥體的左側著手,而且切口應位於最後一根肋骨的後面。通常切口很小,皮膚只被鋒利的套針刺破,不需要任何縫合。

雄鳥的性器官

雄鳥的生殖器官是成對的,與雌鳥不同,因此體内有兩個具有功能的睪丸。精子在通過泄殖腔排到體外之前,沿著輸精管移動,交配時,精子直接排到雌鳥泄殖腔的開口處,並繼續沿輸卵管向前移動,與卵產生受精作用,在此期間,雌鳥生殖道中的精子仍保持活力。受精作用只發生在從卵巢中釋放出來的成熟卵子,雌鳥在產卵期中大約每1-2天排出一枚卵,排卵的次數與數量和鳥的種類有關。

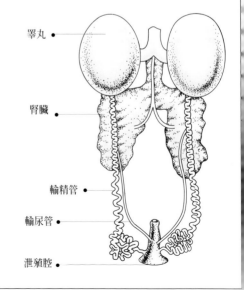

睪丸

腎臟

輸精管

輸尿管

泄殖腔

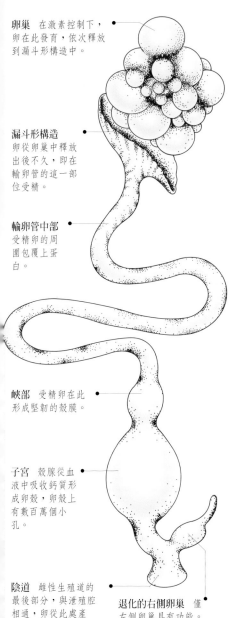

雌性生殖道
卵子從卵巢中釋放出來到產出之前，在輸卵管下行的過程中會產生一連串的變化。在例外的情況下，卵並不沿著輸卵管下行，卻進入體腔並在體腔中停留，而導致腹膜炎。

卵巢 在激素控制下，卵在此發育，依次釋放到漏斗形構造中。

漏斗形構造
卵從卵巢中釋放出後不久，即在輸卵管的這一部位受精。

輸卵管中部
受精卵的周圍包覆上蛋白。

峽部 受精卵在此形成堅韌的殼膜。

子宮 殼腺從血液中吸收鈣質形成卵殼，卵殼上有數百萬個小孔。

陰道 雌性生殖道的最後部分，與泄殖腔相通，卵從此處產出。

退化的右側卵巢 僅左側卵巢具有功能。

若使用氣體麻醉劑，鳥兒就可以迅速回到棲木上，不會出現任何副作用。

雄鳥有兩個睪丸，位於腎臟附近；雌鳥有兩個卵巢，但只有身體左側的卵巢具有繁殖作用。卵巢與輸卵管連接，卵通過輸卵管向下進入生殖道，最後到達泄殖腔，該處是消化道、尿道和生殖道的開口。卵在這裡藉由肌肉收縮而排出體外，掉入鳥巢內。

發育中的卵

卵經歷了一系列變化。卵從卵巢中被排出後不久，便在輸卵管上部的漏斗形構造附近受精；接著在輸卵管中部包覆蛋白，最後在輸卵管的峽部形成粗糙而堅韌的殼膜。

在卵形成的過程中，大部分時間是處在子宮中，在這裡，雌鳥血液中的鈣質被提取出形成卵殼。卵殼的顏色取決於鳥的種類。在洞中築巢的鸚鵡產白色的卵；而露天築巢的鳥類，例如金絲雀，產有顏色的卵，而且通常帶有斑。這些顏色來自老化的血球細胞，是卵的保護色。

卵在雌鳥的生殖道停留大約 1 天的時間後就會產出，產卵的時間通常是在上午，很少在晚上。一窩卵的數目以及產卵的頻率依鳥種而定。例如鴿子和斑鳩通常只產1－2枚卵，但雀類一窩能產6枚卵以上。

── ◆ 為繁殖期作準備 ◆ ──

大多數鳥類可在飛行場地或鳥舍中繁殖，但用來展覽的鳥通常在特別設計的鳥籠裡繁殖，如此飼主才能確認何者為雛鳥的父母。三合板或硬木製成的鳥籠都常用於繁殖。金屬繁殖籠的尺寸齊全，而且比木製鳥籠更耐用，釉質表面使清洗和消毒都很方便，因此很多人偏好使用金屬籠，但花費比木製鳥籠大得多。

在鳥屋中放置繁殖籠時，不要直接放在向陽窗戶前，以免導致鳥兒因太熱而休克。大多數鳥類都不喜歡在露天環境下繁殖，而喜歡較為幽靜的陰暗處。

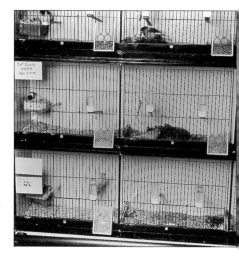

鳥屋中的繁殖籠 將繁殖鳥放在這種籠子裡，可以清楚的觀察繁殖活動。

影響繁殖食物

使用果醬瓶餵食器，可以避免每天替鳥添種子對牠們造成無謂的干擾。這種餵食器很容易安裝在虎皮鸚鵡繁殖籠的門上。只要在乾淨的果醬瓶中裝入適當的種子，並在頂部蓋上塑膠底盤，最後將它們一齊翻過來，每天檢查 2 次種子的流量，看看果醬瓶有沒有因傾斜或被小石子等堵住。

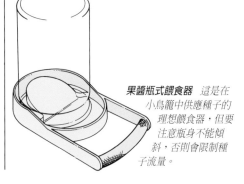

果醬瓶式餵食器 這是在小鳥籠中供應種子的理想餵食器，但要注意瓶身不能傾斜，否則會限制種子流量。

使用放在籠中的種子罐或籠外的餵食器來餵飼雀類時，都要檢查是否有雜物堵塞使小鳥無法進食。上述餵食器不適於一些喜歡把種子到處散播的鳥，例如對金絲雀應提供限量的食物，鼓勵牠去吃，而不要把一星期的食物一次撒在鳥籠的底部。

在繁殖籠外面安裝管狀飲水器，用夾子固定其底部，以免飲水器的管子一旦滑脫，水會漏到鳥籠的地面上。

烏賊骨是繁殖期間不可或缺的食物，可用夾子將骨頭固定在鳥籠的一側。不要提供大塊的烏賊骨給虎皮鸚鵡，以免掉落而被糞污染。籠底要撒些砂礫，或把砂礫裝在小容器內，以便定期添加。

◆ 繁殖設備 ◆

為鳥兒提供繁殖設備，須視各種的需求而定，例如鸚鵡所用的巢箱必須十分結實，足以承受鸚鵡喙的啄嗑啃咬，金絲雀則須準備巢盤讓牠繁殖。雀類使用小柳條籃、巢箱或巢盤皆可，此外，應在數個可能的巢址準備這些設備，使鳥的繁殖能力充分發揮。例如紅嘴相思鳥喜歡在植物茂盛的飛行場地中，用灌木或針葉樹植物自己築巢，牠們將巢藏在僻靜處。鸚鵡的巢箱適合懸掛在棚頂下，下雨時才不會弄濕鳥巢；將雀類的巢放在飛行場地的隱蔽處，藏在靠近房頂處的樹冠中。

巢材

鸚鵡類通常只有情侶鸚鵡和短尾鸚鵡使用巢材，在牠們的交配期開始時，可提供一堆挑選過的樹枝，牠們會剝去樹皮用作巢材。其他鳥的巢盤內墊和巢材，可在寵物用品店購買，還可從園藝店那裡買些作為巢襯的乾燥苔。

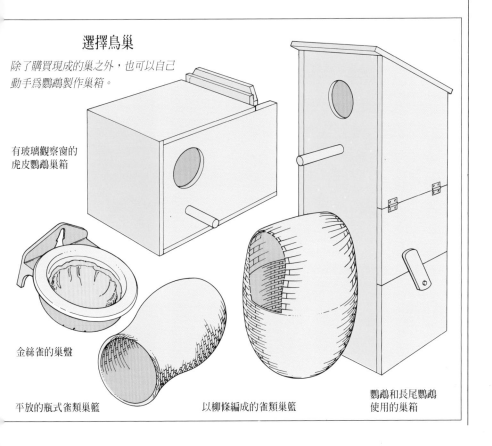

選擇鳥巢

除了購買現成的巢之外，也可以自己動手為鸚鵡製作巢箱。

有玻璃觀察窗的
虎皮鸚鵡巢箱

金絲雀的巢盤

平放的瓶式雀類巢籃

以柳條編成的雀類巢籃

鸚鵡和長尾鸚鵡
使用的巢箱

◆ 繁殖的徵兆 ◆

當鳥開始搬動乾草、碎布、毛髮、麻線或波羅麻纖維之類的巢材時，表示繁殖活動即將開始。儘管大多數鸚鵡並不築巢，飼鳥人仍要提供足夠的巢材。

在繁殖期，有時可以發現已交配的鳥中的某一隻開始每天都離開鳥舍，而且時間逐漸延長；走近鳥舍觀察時，不必擔心牠們是否仍同時出現，這並不代表牠們將拋棄巢中的卵。

雛鳥孵出後要提供額外的食物為育雛期補充營養，這些食物會使親鳥短時間不專心育雛，但不久牠們就會熱切期待飼鳥人出現。此時絕不可在鳥舍中大肆的維修和清掃，以免鳥兒因不安而將卵拋棄。

暗中觀察 進入鳥舍時，迅速看一下未被占用的鳥巢並不會影響繁殖，但絕對不要將雌鳥趕出巢外。

補充鈣質

雌鳥開始產卵之前，最顯著的跡象之一就是取食烏賊骨的數量增加。這種補充食物可為雌鳥提供額外的鈣質，形成結實而健康的卵殼。

大多數的鳥類能自己嚼碎烏賊骨的碎片，有些小雀鳥則需要另外刮成骨粉餵食。

明顯的變化

在產卵前夕，雌鳥的肛門附近會出現輕度膨脹，特別是虎皮鸚鵡；雌鳥的糞便變得比平時更大，較為稀釋並有更強烈的氣味。這些變化並非表示健康有問題，而是雌鳥即將產卵的前兆，此階段可將報紙鋪在鳥舍的地面（第164-165頁），便能輕易地除去糞便，減少對鳥兒的干擾。

鳥兒第一次築巢時，也可能很緊張。因此，養鳥人家要盡量抑制自己的好奇心，不要一直去探看鳥巢，而且絕對避免將正在孵卵的鳥趕出巢箱。通常只要有人走近，就會使正在孵卵的鳥離巢一段時間。

產卵期

鳥兒通常在產下第二或第三枚卵後才開始孵化，因此不用擔心鳥產完第一枚卵後是否馬上孵窩。在計算孵化期時，要從雌鳥何時開始真正的孵窩起算。虎皮鸚鵡的卵通常要18天的時間才能孵化出來，假如雌鳥等到所有的卵都產出後才開始孵化，該窩的第一枚卵要在巢中20天才能變成雛鳥。飼鳥人應記錄產卵開始時間，以便估算雛鳥何時可開始孵化。

雌鳥開始產卵後很少出問題，但需要檢查是否出現難產的現象。這種現象，如不作立即處理（第207頁），雌鳥很可能馬上死亡。出現卵難產的鳥是因有卵卡在生殖道末端引起阻塞，致使平衡感發生異常，不能棲落，因而被迫常留在巢箱中或地面上，露出明顯的病態。

耐心等待 大多數的鳥孵化時不會產生太棘手的問題，尤其是以前築過巢的鳥更不必擔心，但一定要避免打擾他們。

特別照顧築巢的鳥

· *提供合適的巢材和食物。*
· *提供烏賊骨，這是卵殼在雌鳥體內形成時所需的鈣質來源。*
· *觀察有無卵難產的跡象。*
· *盡可能多提供僻靜之處供其築巢。*
· *如果在雌鳥產卵期間移走了卵，要記得放回到原來的雌鳥身旁。*

對於金絲雀來說，須用假卵來替換牠所產下的每一個卵，當所有的卵（通常一窩有4枚卵）都產下後，才把真卵放回去，使雛鳥能在同一時間孵出，增加存活機會，否則最先孵出的鳥可能獨占食物，使後孵出的鳥挨餓。

有些飼鳥人會把盛蛋的托盤放在專用的櫃子內，在櫃子上分別標上與繁殖籠相同的號碼，以便將卵放回到原來的籠中由親鳥孵化。通常在產卵結束後的第四天早晨，把真卵放回到母鳥身邊，並移走假卵，當兩隻親鳥中只有一隻負責撫養雛鳥時，可採用這種方法使雛鳥的飼養較為容易。

孵化和育雛

在孵化期間，如果要檢查卵是否受精，小心不要干擾鳥類孵化。對鸚鵡來說，檢查牠們的卵很簡單，因為白色的蛋殼可透過光線檢查，但在檢查前應先洗淨並擦乾雙手。

將卵對著較佳的光源觀察，可發現受精卵在孵化後 1 週左右將呈現出不透明的陰影，表示是發育中的雛鳥。非受精卵以及產卵後發育失敗的卵，透過光線來看是透明的。

對於多產的種類來說，例如虎皮鸚鵡，如果飼鳥人得知所有的卵均未受精，就可立即將卵移走，並把雌鳥關在巢箱外面，促使牠們再度交配。但如果

連續餵食育雛飼料

初次將雛鳥與成鳥分開時，最好能在室內的飛行籠或鳥籠中。然後仔細觀察牠是否能正常的自己進食。如果之前曾餵食雛鳥育雛食品及浸泡過的種子，一定要繼續提供不可中斷。

是尚未完全馴化的鳥，最好讓牠們自然發展，而不要打擾鳥或牠們所產的卵。

營養需求

在孵化期快要結束的時候，就可開始供應少量的育雛食品。如果希望鳥類繼續孵化，記住不要去檢查鳥巢，有一些大型鸚鵡可能在此階段，表現出異於平常的侵略行為。通常自然孵化的受精卵大都能順利孵出，人工孵化的卵問題反而較多。

孵化期後，鳥的食物量將開始增加，而且較為偏食。許多軟嘴鳥和雀類在餵養雛鳥時完全以昆蟲為食。此時如果不提供適當的活食餌，雛鳥很可能會被親鳥趕出巢。

假如不幸在靠近鳥巢的地面上發現幼雛，看起來好像死了，此時千萬不要絕望，應該輕輕的將雛鳥拾起，小心的用兩手握住，大約 1 分鐘之後，由於雛鳥得到了來自手心的溫暖，便會開始微微

卵的內部結構
這是卵的組成結構圖。卵黃為發育中的胚胎提供營養，胚胎可從卵殼吸收鈣，為雛鳥提供啄破卵殼的力量。

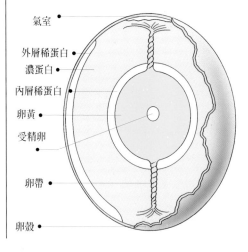

氣室
外層稀蛋白
濃蛋白
內層稀蛋白
卵黃
受精卵
卵帶
卵殼

蠕動起來，像這樣把小鳥多握一會兒，然後再把牠放回巢內。鸚鵡類很少有這類問題，但是虎皮鸚鵡用於孵卵的小木塊凹形巢如果太小，雛鳥就很容易滑落到縫隙中。

保護雛鳥

松鴉等鴉科鳥類及噪鶥等其他雜食性的軟嘴鳥，有時會有食卵的惡習，這很可能是由於提供的食物種類太多，反而把雛鳥當作附加食物。預防的方法是將活餌撒在鳥舍的地面上，鼓勵成鳥尋找食物，分散牠們對巢箱的注意力。

如果是繁殖供展覽的鳥，當雛鳥還在巢中時就要為牠們套上封閉的腳環，可使用養鳥社團所提供的腳環，即使環還太鬆也要儘早套上。沒有合適的腳環的鳥可能達不到專業飼養者所要求的水平。至於可隨時扣上的腳環則能在任何時候使用。它們對鑑別鳥有用，但並不能作為該鳥的血統証明。

常常用手觸摸虎皮鸚鵡的雛鳥，可讓牠們在離巢時不怕人，並可順便檢查鳥喙的內表面和腳爪是否被糞便等污物污染，而導致該爪的掉落或長斜了。當巢箱中的底部比平時更濕的時候，上述檢查尤為重要。

雀類、軟嘴鳥、鴿子和斑鳩的幼鳥，羽毛長齊的時間較早，通常在孵出後3週內就可長出新羽。但在成長階段仍很脆弱，容易因周圍環境的影響而受害。例如，夏季突來的雷雨可能引起致命的感冒，因而鳥舍內必須有良好的排水系統。幼鳥很喜歡攀住鳥舍周圍的鐵絲網眼，因而使自己成為貓的攻擊目標，預防措施是在鳥舍的四周裝上一些臨時的擋板。當繁殖期過後，這些擋板在冬季還有防寒的作用。

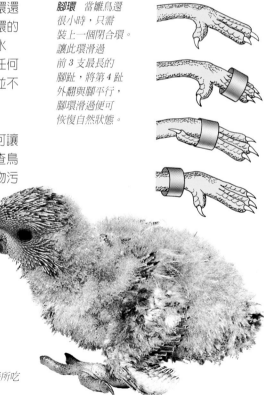

腳環 *當雛鳥還很小時，只需裝上一個閉合環。讓此環滑過前3支最長的腳趾，將第4趾外翻與腳平行，腳環滑過便可恢復自然狀態。*

虹彩吸蜜鸚鵡的雛鳥
餵食前，雛鳥的嗉囊應處於鬆弛狀態，上一餐所吃的食物已進入消化道。

✦ 人工孵化 ✦

近來，飼鳥人常交由人工孵化鸚鵡卵。但這種方法很花錢，而且在操作不熟練的情況下，結果並不會比親鳥孵卵更好。

用於孵化少量鸚鵡卵的小型孵卵器，可以從養鳥供應商處購得。但在購買之前，應先請教其他養鳥者哪一種型號最適合於自己所養的鳥。有些孵卵器具有自動翻卵的功能，飼鳥人不必一直打開孵卵器人工翻卵。

影響孵化的因素

孵卵器所擺的位置對可以孵出多少卵的數量有很大的影響。應將它水平放置在遠離陽光直射的地方，因為直射的陽光會使卵內溫度太高，使胚胎因而死亡。鸚鵡卵的理想孵化溫度是37.2 ℃。

濕度是另一個重要因素，卵在孵化過程中會有水分流失，當卵處於適當水平時，卵的鈍端便形成氣室，此時卵處在一種稱為內部「破殼」的時期，雛鳥開始呼吸空氣。但是不適當的失水會迫使雛鳥過早孵出，使隨後的人工育雛工作較為困難。另外，雛鳥還可能淹死在卵殼內。如果卵失水過快，將導致雛鳥無可挽回的腎臟損傷，這種雛鳥的體型比正常雛鳥小得多。

孵出之後

幼小的鸚鵡雛鳥剛孵出時不用餵食。在孵化期間為雛鳥提供營養的卵黃囊在剛孵出時的一段時間裡，仍可繼續為雛鳥提供養料。通常第一次餵食水，有時可在水中加些生物素，建立消化道菌叢。在孵出後大約4小時左右雛鳥應已從疲勞狀態中恢復過來，這時就可以開始餵水。

鸚鵡雛鳥通常以嬰兒食物為餵食的基礎。一些特別配製的粉狀或碎屑狀現成食物均可買到，混合時應按包裝上說明的比率把食物、水和複合生物素混合。

最初雛鳥可能每隔2小時就需要餵食一次。飼養者可根據鳥嗉囊的狀況來估測，在距離前一次進食一段時間後，嗉囊會明顯鬆弛下來，但不可能完全變空。如果食物未進入消化道，表示雛鳥的嗉囊中可能發生了阻塞，應立即請教有經驗的鳥醫。即使是幼小的雛鳥，也能夠安全的開刀切除阻塞物。雛鳥的色澤是健康狀況最顯著的標誌，應為淡粉色，如果為紅色表示鳥患有疾病，如果皮膚發白表示是受凍的跡象，或者是脂肪肝和腎臟綜合症的症狀。

育雛器

雛鳥孵出後，通常立即放入育雛器中。育雛器並不是到處都能買到，如有必要可自己做一個。熱源應當襯上墊子安裝在育雛器的底部。也可使用燈泡，但燈泡的耗損率高。因此，最好同時裝上兩個瓦數較低的燈泡，以防止其中一個損壞。如果無法使用熱墊子或燈泡，則要裝一台高品質的恆溫器。

發育過程

準備一台可以精確測量到0.1克的秤,每天幫雛鳥量體重並作紀錄,通常在早晨餵食前量體重。

隨著雛鳥的生長,可延長餵食的時間間隔。小雛鳥需不分晝夜的每隔2小時餵食一次,較大的雛鳥可延長到大約4小時餵一次,例如凌晨2:00一次,早晨6:00一次。飼養金剛鸚鵡的幼雛時,要花數周至3個月以上的時間來照料牠們。不要急著延長餵食的時間間隔,因為這樣會使雛鳥消瘦,反而妨礙其生長。

當雛鳥快要長出新羽時,體重減輕是正常現象。如果能在生長曲線圖上標明雛鳥每日的體重,就會發現生長曲線略有下降。此階段的雛鳥很活潑,一旦牠們能自己從大型的育雛箱中爬出,就應將牠們放到裝有矮棲木的鳥籠中去。

此時幼鳥仍需人工餵養,但可能已不接受主人親手供給的食物了。因此須在鳥籠的地面上放些泡過的種子和水果,並用密封的容器盛飲用水,以免雛鳥被水浸濕。如果有那一隻雛鳥不能獨立進食的話,還要每天親手餵食1-2次,並密切觀察牠們的健康狀況。鸚鵡幼鳥的住所必須保持絕對清潔,以使食物不致於被糞便污染。

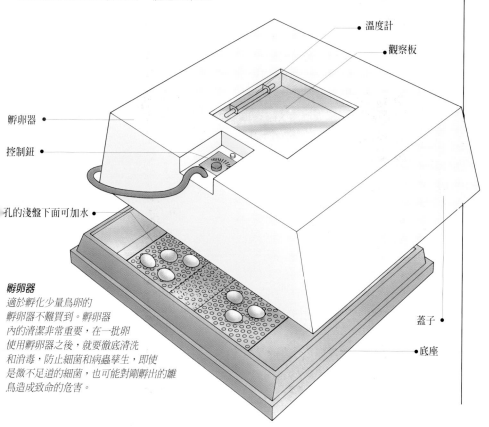

溫度計

觀察板

孵卵器

控制鈕

孔的淺盤下面可加水

孵卵器
適於孵化少量鳥卵的孵卵器不難買到。孵卵器內的清潔非常重要,在一批卵使用孵卵器之後,就要徹底清洗和消毒,防止細菌和病蟲孳生,即使是微不足道的細菌,也可能對剛孵出的雛鳥造成致命的危害。

蓋子

底座

◆ 人工育雛 ◆

剛孵出的雛鳥非常脆弱，因此在最初的一兩周內需放置在與孵化溫度相近的溫暖處。可把牠們養在乾淨的桶中，桶內墊上棉紙，放在育雛器內，但每次餵食時都要換紙，雛鳥才不會被糞便等污物污染。不可以用木頭屑做底襯，萬一雛鳥吞食會有危險。

如果很難找到合適的育雛器，自己做一個也很容易。以放在育雛器底部的可

製作育雛器

用一個有通風孔的大盒子，在前面裝上透明的隔板來觀察裡面的雛鳥。它必須易於清潔，因此使用表面為三聚氰胺的紙板較為理想，可以直接用濕棉紗擦洗。在育雛器的前面，裝上安全的拉門，如此一來，在每次開門取出雛鳥餵食時，只需打開一點縫隙即可，避免溫度降低。供熱器須擺放在雛鳥碰不到的地方。

生長曲線圖 *這條典型的生長曲線顯示出：在長出新羽前夕，雛鳥生長減慢，體重減輕。在人工育雛期間，生長曲線嚴重偏離，則意味著雛鳥可能出現了問題。*

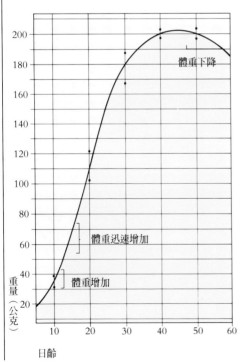

調整熱墊或電燈泡做為熱源，最好使用兩個燈泡，這樣即使一個燈泡損壞，雛鳥也不會完全失去熱源而被凍死。務必準備多餘的燈泡，以防半夜時某個燈泡出毛病時可替換，盡量使用在夜晚光線更柔和的藍色燈泡。

無論使用何種供熱方法，都要確保在電路上連接一個恆溫計。最好再裝一個警報系統，如果溫度下降到所需溫度之下，警報器就會自動提醒。

餵食

雛鳥剛剛孵出時不需立即餵食。卵黃囊在整個孵化過程中可提供雛鳥營養，並在孵出後的4小時內繼續維持雛鳥的生存。因此第一次餵食雛鳥應在孵出4小時左右進行。此時可使用簡單的滴管或湯匙，將湯匙的邊緣朝內翻，達到像漏斗防止食物濺出的作用。餵食大型的金剛鸚鵡幼雛可用去掉針頭的針筒，但此

種注射器容易堵塞，如果使用不小心，可能會不慎將食物噴入雛鳥氣管中而噎死雛鳥。

監視生長

監測雛鳥生長過程的最好方法是在每天早晨第一次餵食之前，用以0.1克為單位刻度的秤稱量雛鳥的體重。藉由記錄雛鳥的體重，可發現雛鳥是否存有需要處理的健康問題。

在兩次餵食之間，嗉囊應明顯鬆馳，但不能全空，如果嗉囊的情形不是這樣，表示雛鳥可能被感染或吞食了碎屑之類的東西而引起阻塞。此外，若是雛鳥著涼了，嗉囊也可能有不正常的反應。必要時應找獸醫咨詢。

隨著雛鳥逐漸的生長和發育，可依次延長兩次餵食之間的時間間隔。對於特別小的雛鳥，需要晝夜不停的每隔2小時就餵食一次。但對於較大的鳥，你可將餵食的次數減少到每隔4小時一次，比如凌晨2:00一次，早晨6:00一次……。不要急著延長兩次餵食時間的間隔，否則會妨礙雛鳥隨後的生長情形。嗉囊中食物的數量是估計最佳餵食間隔的可靠指標。

人工餵養雛鳥 *每次餵食前重新攪拌食物，食物須保持溫熱在38℃左右。不同窩的雛鳥，要使用不同的餵食器皿。*

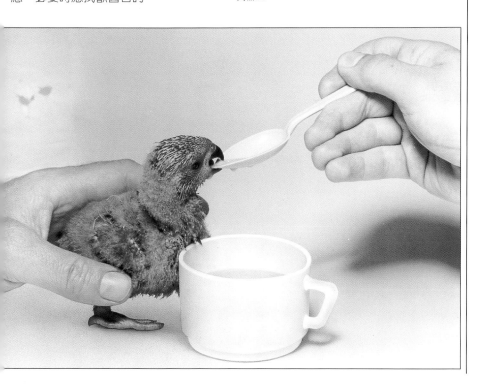

◆ 斷奶期 ◆

當雛鳥將離巢時，體重下降是很正常的。此階段的雛鳥，應該非常機敏活潑，自己就能從巢中爬出。因此可將牠們養在有一些低矮棲木的籠中。

幼鳥喜歡飼主親手餵食，牠們將食物弄著玩，而不會馬上狼吞虎嚥。這種行為不必在意，只要雛鳥健康活潑就行。

為了幫助雛鳥開始獨立進食，應提供些浸泡過的種子（第147頁）和水果，放在鳥籠的地板上。這些食物容易腐壞，而且很快就會發霉，為了避免浪費，一次只準備一餐夠吃的食物量就好。飲用水也應盛在幼鳥專用的容器內。幼鳥進食時，要密切觀察，但發育不良的雛鳥仍需人工餵養。分組小群餵食的雛鳥比單獨餵食者更容易「斷奶」。單獨餵養的雛鳥可能對飼養者的印象更深，因而難於「斷奶」，甚至最後都難以和配偶交配。

在一段時間內，幼鳥可能會想吃較可口的食物，這也是正常的。例如金剛鸚鵡，羽毛長全的幼鳥仍與其雙親一起留在家族中，並且在牠們能夠獨立進食之後的很長一段時間內，仍然向父母求食。

育雛 *這些幼小的太陽鸚哥雛鳥在 8 週齡時已能獨立生活，在此階段已開始嗑碎種子。*

◆ 將幼鳥分籠 ◆

將幼鳥轉移到較大一些的鳥舍中，讓幼鳥可以振翅，以鍛鍊翅膀上的肌肉。藉著染色體鑑定性別法，在此階段就能毫無困難的判斷雛鳥的性別。在牠們開始繁殖前可先配好對，從小養在一起的鸚鵡幼鳥，比成年後再養在一起的個體的配偶關係更好，繁殖成功的可能性更高，而且攻擊行為較少。特別是鳳頭鸚鵡，一旦碰上中意的配偶，就會有攻擊行為。

人工飼養

· 引入幼鳥後，將牠們關在鳥屋內幾天，讓牠們適應正常進食飲水。
· 溫和而且乾燥的天氣裡，將幼鳥養在戶外的鳥舍內。
· 要逐漸降低育雛溫度，直到幼雛不再需要人工熱源為止。
· 下雨時，注意不要讓幼鳥的羽毛弄濕。
· 在雛鳥還未在戶外安頓好之前，不要將牠們與成鳥放在一起。

使用現成的幼雛食品

從雛鳥食品轉變為成鳥的飲食時可能會遇到一些困難，但使用某些特別調配的現成食品，有助於減少可能發生的問題。在鸚鵡用食丸或碎粒中，含有與雛鳥食譜類似的成分，當飼鳥人第一次餵食幼鳥時，必須用水浸泡。與餵食幼鳥不熟悉的種子相比，幼鳥可能更樂於接受這種食品。這類按照鸚鵡所需營養所調配的食品，也可用來餵養其他種類的雛鳥，例如軟嘴鳥的

雛鳥。通常，大型鸚鵡雛鳥多為人工餵養並作為寵物鳥出售，例如非洲灰鸚鵡。此類的雛鳥新羽長成的時間通常比小鸚鵡早得多，在「斷奶」期間提供活餌時，應注意挑選體積小且容易消化的食物。
因為麵包蟲的外殼難以消化，所以通常不宜整條餵食。

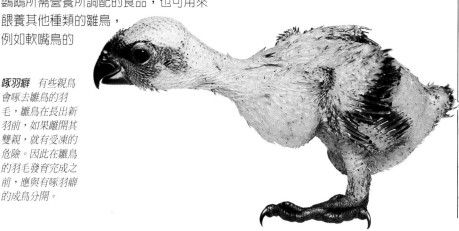

啄羽癖 有些親鳥會啄去雛鳥的羽毛，雛鳥在長出新羽前，如果離開其雙親，就有受凍的危險。因此在雛鳥的羽毛發育完成之前，應與有啄羽癖的成鳥分開。

顏色育種

無論是紀錄鳥的行為還是紀錄產卵日期，都是餵養工作中重要的一環。對於顏色育種來說，作好紀錄更是成功與否的關鍵。突變一直是令人著迷的事情，很多鳥都具有突變率較高的顏色控制基因，隨著養鳥業的發展，這些基因在籠養群體中四處傳播，並開始出現一些特殊的羽色品種。

多種選擇

籠養鳥通常比野生鳥的親緣關係更為密切，增加了在子代中出現隱性顏色突變的可能性。藉著研究現有的繁殖紀錄，找出哪些鳥可能帶有突變基因，然後有效利用這些個體，用他們來建立突變種。

遺傳學

遺傳學最早是由奧地利牧師喬治·孟德爾在19世紀末進行深入研究，以他在豌豆植株上的研究為基礎，提出一整套控制性狀遺傳的定律，例如顏色可以從一代遺傳給下一代。

每隻雛鳥都從雙親那裡各獲得一套基因，由於卵的受精作用，這兩套基因結合在一起。基因位於染色體上，常成對存在，共同控制同一個性狀。在大多數情況下，基因的改變，即我們所稱的突變，對於正常性狀常常是隱性的，而且無論直接或間接影響，這些突變的結果往往是有害的。例如，一隻綠色的環頸長尾小鸚鵡，在樹林中覓食時不太顯眼，但亮黃色羽毛的鳥覓食時卻清楚地暴露在天敵的眼前，結果黃化的突變鳥在野外變得很難生存。但由於籠養鳥沒有被捕食的危險，多樣的顏色反而更具吸引力，所以在籠養鳥類中，突變的鳥很受歡迎。不過，如果這種突變基因是顯性的，環頸長尾小鸚鵡將迅速繁殖出較高比例的黃化後代，可能會危及整個群體的生存。

喬治·孟德爾（1822-1884）
他對遺傳學所作的研究，在生前並未引起人們注意，直到1900年才重獲世人肯定。

隱性突變

發生隱性突變時，一隻帶有隱性基因的鳥在羽色上可能完全正常。只有當帶有隱性基因的個體與有相同突變基因的個體交配後，所產生的子代中才有可能出現隱性性狀。對於現代的養鳥者而言，孟德爾的遺傳律是非常有用的工具，不但有助於訂定交配計劃，還能在產生大量突變後，使新羽色的繁殖更為容易。

遺傳學

這一章中列出了基本交配對偶關係產生子代的各種可能性，其中包括性連鎖隱性突變，這些數據可幫助飼主找到一對最可能改變顏色雛鳥的繁殖鳥。一般而言，鳥類的顏色突變通常是透過隱性基因來遺傳的。

要建立一種新的突變體，需要有相當大的鳥舍空間，因為不易確定那些雛鳥具有隱性性狀，必須藉由與其他已知遺傳組成的鳥交配試驗，才能知道那些外表正常的鳥帶有所需的突變基因。

在養鳥者的心目中，各種顏色的性狀基因有不同的價值，最引人注目的羽色最受歡迎，包括以綠色為主的藍色型鸚鵡，例如環頸長尾小鸚鵡和黃色的變種。業者已培育出在鸚鵡77種顏色中的21種顏色突變，但並非所有的突變都能成功的保持下來。

配對圖解

第184-185頁的圖解從育種起始點開始說明，來自兩隻親鳥的兩套基因互相呈直角排列，最後出現這些不同基因的4種基本組合。每隻雛鳥從雙親那裡各獲得一組基因。小格中顯示的是在每種情況下雛鳥的遺傳組成。

成功的培育顏色突變體系是一個緩慢的過程，對於較大的亞馬遜鸚鵡常要花幾年的時間。因為這些鳥的成熟期太長，而只有成熟後才可用於繁殖。

已建立的突變

雀類在不足1歲時即可築巢繁殖，進行突變育種，很容易就可迅速增加突變個體數。

某些突變體在開始時較羸弱，但現在市面上供販售的突變品種寵物鳥，經過改良後，並不比正常鳥難照料。當新培育出顏色的個體首次出售時，價格通常要比同種的正常鳥貴得多。然而，當這種顏色一經大量繁殖，售價就會立即下降。

配對表

後面幾頁下方的表格，顯示了不同的突變個體與正常個體間所有可能的配對方式。表格中以百分率表示雛鳥的顏色和遺傳組成，例如：如果一窩孵出的雛鳥數為4隻，而且有25%的機率出現某一特定的顏色組合，就產生4隻雛鳥中有1隻出現這種顏色的平均值。

→ 常染色體隱性突變 ←

這是鳥類中最常見的顏色突變，包括所有藍色、黃色和白色的變異。虎皮鸚鵡的隱性突變和白臉雞尾鸚鵡都屬此類。在遺傳學理論中帶有某一性狀的不同基因的個體稱為雜合體。

專業養鳥者常用「分化」來代替「雜合體」一詞，並且用斜線表示。顯性基因或性狀用大號字母表示，與其對應的隱性基因或性狀用小寫字母表示。一隻摻雜有藍羽的綠色鳥，表示為「Gg」，而純合個體則為「GG」。

來自不同親代的基因是自由組合的，卡方檢驗可推算出兩隻雜合個體配對後，子代可能出現的潛在性狀。這個方法將來自雙親的基因加以排列，以顯示其所有可能的組合按機率計算後，可以在下表中看到這對鳥交配後的結果。

以藍色的環頸長尾小鸚鵡為例，突變個體比正常個體的價格要貴得多。如果買不起兩隻藍色突變個體，可採用下表中第4號配對方式，用一隻藍色的親鳥繁殖出藍色後代，並且可以肯定所有的綠色後代都是藍色的雜合體，由於雜合體通常與正常的純合體不易區分，相對而言，這種配對方法也有一定的優點。

繁殖藍色的鳥 *以兩隻雜合體交配後產生的常染色體隱性突變來說，存在4種可能的組合*

常染色體隱性突變 *下圖中顯示一隻藍色鳥與一隻正常的綠色鳥，交配後所產生的各種可能組合，以及子代數量的百分率。*

1 綠／藍	×	綠／藍	▶	50%綠／藍	25%綠	25%藍
2 綠	×	藍	▶	100%綠／藍	
3 綠	×	綠／藍	▶	50%綠	50%綠／藍
4 綠／藍	×	藍	▶	50%綠／藍	50%藍
5 藍	×	藍	▶	100%藍	

性連鎖隱性突變

這 種特殊的顏色突變只局限於性染色體對上,因為雄鳥和雌鳥的性染色體在結構上有差異,所以遺傳突變的模式也不同。雄鳥具有兩個長度相等的性染色體 Ｚ Ｚ,因而具有成對的基因。雌鳥的 Ｙ 染色體明顯短於 Ｚ 染色體,這意味著 Ｚ 染色體上的基因可能未成對。和性連鎖有關的顏色突變,包括了雞尾鸚鵡中所有的黃色突變,黃褐色和珍珠斑紋,還有虎皮鸚鵡中的乳白色斑紋。

在這種情況下,只有一個基因起作用,雌鳥只有正常和呈現性連鎖性狀兩種可能。對於這種類型的突變來說,雌鳥不可能是雜合體,他們的表現型必然反映出其遺傳組成。右下方的圖解中,基因的缺乏用「－」號表示。

儘管所有的雄鳥都是黃色性狀的雜合體,但對於這種類型的配對,只能獲得綠色雛鳥。純合體的綠色雌鳥在建立黃色品系的過程中沒有明顯的作用。下圖的配對表中 1 和 2 的結果

很明顯的說明黃色雄鳥要比黃色雌鳥寶貴得多。

如果打算繁殖這種類型的突變個體,第 2 種配對方式最為重要,因為所有子代均適用於這項計劃,而且在第一代就可獲得黃色個體。與第 4 種配對方式相比,在判斷子代性別方面也容易得多。以黃色突變個體來說,在剛孵出後就可以分辨出來,因為這些幼鳥的眼睛是紅色的。

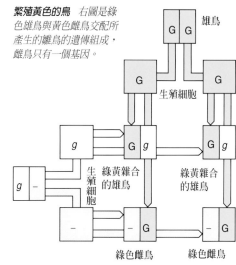

繁殖黃色的鳥 右圖是綠色雄鳥與黃色雌鳥交配所產生的雛鳥的遺傳組成,雌鳥只有一個基因。

性連鎖隱性突變 下圖是由一隻黃色鳥與一隻正常的綠色鳥,所產生的各種可能組合,及對應的子代數量的百分率。

1 綠雄鳥	×	黃雌鳥	▶	50%綠／黃雄鳥	50%綠雌鳥	
2 黃雄鳥	×	綠雌鳥	▶	50%綠／黃雄鳥	50%黃雌鳥	
3 綠／黃雄鳥	×	綠雌鳥	▶	25%綠雄鳥	25%綠／黃雄鳥	25%綠雌鳥 / 25%黃雌鳥
4 綠／黃雄鳥	×	黃雌鳥	▶	25%綠／黃雄鳥	25%綠雌鳥	25%黃雌鳥 / 25%黃雌鳥
5 黃雄鳥	×	黃雌鳥	▶	50%黃雄鳥 + 50%黃雌鳥		

◆ 顯性突變 ◆

這類突變較少見，但某些雜色突變具有顯性突變的特質，也就是說，當一隻這種類型的雜色鳥與一隻正常鳥交配時，其後代中將有一定比例的個體也是雜色的。因此，顯性遺傳並無法分辨突變的鳥是否為雜合體。出現在虎皮鸚鵡和桃臉情侶鸚鵡身上的這類突變通常會產生顯性的雜色性狀。雜色因子如果只影響一個染色體上的基因，稱為單因子雜色（sf），但如果兩個染色體均有影響，則為雙因子雜色（df）。除了交配測試之外，無法用肉眼區分這兩種類型。

就深色因子而言，單因子個體和雙因子個體之間存在的差異肉眼即可區分，雙因子個體的顏色較深。其他方面的遺傳模式與下圖所顯示的一樣。深色因子本身並不是一種顏色，但可影響藍或綠色羽色的深淺程度。

單因子綠色個體為暗綠色，而雙因子個體則為橄欖色；在藍色系列中，分別為鈷藍色和紫紅色。虎皮鸚鵡、桃臉情侶鸚鵡以及環頸長尾小鸚鵡的育種中都有深色因子的存在，在青綠鸚鵡中也有。繁殖各種與深色因子有關的鳥

百分率

本書中各種圖表所出現的百分率是一種平均數，這和丟硬幣的道理一樣，理論上正面和反面出現的比率各占一半，但投十次不代表就一定出現 5 次正面，5 次反面。由於染色體的組合完全是隨機的，因而不能保証某一巢中孵出的雛鳥，不同顏色的百分率就像表中所列的一樣，但在經過一連串的交配後，結果很可能接近平均百分比。如果幸運的話，也可能一次就得到全部都是所希望顏色的雛鳥。

時，最理想的途徑是採用下表所示的第 5 種配對方式，即利用單因子或雙因子的顯性染色體來取代暗綠色和橄欖色個體。同樣的，當深色因子與藍色系列的鳥結合時，可獲得鈷藍色（單深色因子）和紫紅色（雙深色因子）個體，如同在綠色系列中的暗綠色和橄欖色的個體。

顯性突變 依下表預測不同類型的後代出現的機率，但無法預測顯性雜色虎皮鸚鵡的斑紋。

1 顯性雜色（df）	×	正常	▶	100%顯性雜色（sf）	
2 顯性雜色（df）	×	顯性雜色（df）	▶	100%顯性雜色（df）	
3 顯性雜色（df）	×	顯性雜色（sf）	▶	50%顯性雜色（df）	50%顯性雜色（sf）
4 顯性雜色（sf）	×	正常	▶	50%顯性雜色	50%正常
5 顯性染色（sf）	×	顯性雜色（sf）	▶	50%顯性雜色（sf）	25%顯性雜色（df） 25%正常

◆ 冠羽的突變 ◆

在 斑胸草雀、十姐妹、金絲雀以及虎皮鸚鵡等類的鳥中，可以繁殖出不同冠羽的個體。遺傳學的研究顯示，儘管這是一種顯性突變，但與致死因子連鎖，因此雙因子冠羽突變個體常無法孵化或孵出不久就夭折，所以限制了配對的方式（見下圖）。

這類具冠羽的鳥只能與正常鳥交配，不能相互交配。如果讓兩隻具冠羽的鳥彼此配對，將有25%的後代孵不出來。這類致死因子在繁殖中較少類似情況的唯一例子，是起源於澳洲的紅胸鸚鵡的藍色突變體。藍色突變是一種常染色體的隱性突變。如果用藍色個體與藍色個體相交配來繁殖雛鳥，不是失敗就是雛鳥在孵出後很快便會死亡。

為了培育藍色突變體，養鳥者往往把藍色個體與一已知的雜合個體相配對，如果在繁殖突變體時遇到上述困難，應將藍色個體與正常個體回交，而不能讓突變個體繼續彼此配對繁殖。

有些類型的突變體在開始時也難於繁殖，例如藍眉鸚鵡。比利時的飼養者在剛開始培育這種顏色的鳥時，遇到不少受精率低和視覺喪失等問題，儘管這些困難後來已得到解決，但這種類型的突變體仍不易獲得。

記錄培育過程

對交配的情況進行精確的紀錄，對於顏色育種和培育供展覽的鳥而言都是不可或缺的過程。
一般通常以作繁殖紀錄，和建立每隻鳥血統卡的方法進行，以此卡詳細記錄鳥的來源、繁殖和展出場次，並用腳環上的號碼鑑別，有許多種鳥的紀錄已建立在電腦檔案中。

所有類型的突變個體不可能全部保存下來，甚至育種最頻繁的虎皮鸚鵡中的一些突變類型也已經喪失。在隱性突變體中，有關顏色的基因可能還保存著，當兩隻類似的鳥交配後，這種顏色即可重現。

並非所有的突變體都能如預期的那樣理想，以長翅虎皮鸚鵡為例，有些變種在背面有交叉的長飛羽。最近在某些養殖場，「羽毛撢子」已成為另一個困擾，即太長的羽毛像瀑布一樣覆蓋住鳥的身體，這種鳥的壽命也特別的短。像這樣的突變只會影響鳥的羽毛，而不會改變其羽色。

繁殖具冠羽的鳥 *下例的配對方式顯示出致死因子的潛在影響以及如何來避免。*

1 具冠羽個體	×	正常個體	▶	50%具冠羽	50%正常	
2 具冠羽個體	×	具冠羽個體	▶	50%具冠羽	25%正常	25%具冠羽不能存活

鳥類評賞會

有 許多評賞會是為金絲雀、虎皮鸚鵡、文鳥和十姐妹這類已經被大量飼養繁殖的鳥類而舉辦的。一般而言，養鳥協會對各種不同品種的鳥類都已經建立出一套評鑑的標準，這些評審標準其實就是養鳥大眾對「完美的鳥」應該具備的特徵所下的定義。

── 了解評審的標準 ──

對 許多飼鳥人而言，讓自己的愛鳥在評賞會上大放異彩是最令人高興的事了。雖然各地的評審委員對特定鳥種的評價標準多少會有些不同，但有些致勝的關鍵是不變的，例如臨場表現較好的參賽鳥就容易吸引評審委員的注意，而得到較高的分數。

參賽的首要原則是要付出時間和耐心。有心參賽的鳥展新鮮人剛開始應該多到各種展覽會中觀摩，親自到會場中觀看參賽鳥展出和表演的方式，並了解評審委員所要求的標準。評審標準有時會作若干修正，這也正表示評審委員的看法作了某些改變，一旦對評審委員的喜好認識清楚了，養鳥時自然就會朝評審的方向去培育。

想在競爭激烈的鳥展中得到好成績並沒有捷徑。有時要付出高價才可能買到品種優良的鳥，但除非你有質量相稱的配種讓牠們繼續交配繁殖，否則是不可能永遠都擁有冠軍鳥的。

冠軍鳥展示 *大多數評賞會分成好幾個階段評審，各階段的獲勝者會集中在一起，再從中選出最後的總冠軍。*

培育冠軍鳥

有興趣參加評賞會的飼鳥人，最好先在能力限度內購買一、二隻品質較好的種鳥，因為最好的種鳥繁殖出的少量子代，一定比次等鳥繁殖出的任何子代品質優良。以虎皮鸚鵡為例，購買上一個年度參賽的冠軍鳥，雖然已過了繁殖高峰期，但是價格實惠，品種優良，不失為得到良種的好方法。剛離巢的幼鳥潛

評賞會場 這是金絲雀評賞會的展覽會場，所有的鳥兒都按編號分類，排列在地面和展示架上，供評審和觀摩者參觀。

力是很難估計的，即使是專家也不敢妄下斷言，為了讓幼鳥發揮潛力，應該從幼雛就開始餵食精心挑選的食物。例如從小就開始餵食軟質食物的虎皮鸚鵡，長成健康的成鳥的可能性就大得多，從幼雛開始飼養的參賽鳥，離巢時會比較溫馴，也比較能從容的待在評賞會的展示籠中，不會因為緊張不安而被扣分。

展示用鳥籠

整體而言，展示時所呈現出來的一切外觀對勝負都有關鍵性的影響，所以比賽時應把參賽鳥放置在清潔無瑕的展示籠裡。為了使鳥兒輕鬆愉快的待在展示籠內，比賽前就應該經常讓牠們待在籠裡一段時間，起初鳥兒會因為不習慣而縮在鳥籠底板上，但過一下子就會跳到棲木上，好奇的張望新環境。

通常虎皮鸚鵡和金絲雀是個別參展，斑胸草雀則是一雌一雄成對參展。比賽時成對參展的鳥健康狀況都要處於巔峰狀態，否則很容易因為評審委員較不滿意的那隻鳥而影響整體的分數。如果有這種情況，寧可讓狀況好的一隻個別參展爭取入選的機會，不致無功而返，不過通常這一類鳥成對參賽的勝算比單獨一隻參賽要大。

參展前的準備

參加當地的養鳥協會可以增進參賽知識，並了解最佳的賽前準備方法。評審委員常會出席一些養鳥團體的聚會，與鳥友交換養鳥心得，無形中就會傳達出他們對冠軍鳥所設定的標準。養鳥協會通常都會每年舉辦一些小型的鳥展，有心參賽的人可將自己的愛鳥送去參展，從中求取經驗。大多數國家都有全國性的鳥類評賞會，歐洲地區還有國際性的鳥類評賞會，每年在不同的國家舉行。

專門的養鳥期刊上都會刊登評賞會舉辦的消息，想參展的人要先填寫一張申請表格，這種表格通常是免費的，寄出時附上貼好郵票的回函信封即可。表格上的參展分類欄一定要詳細閱讀、正確填寫，因為如果參賽的鳥被分類錯誤，將因資格不符被自動淘汰，不但浪費了報名費，還白忙了一場。

準備事項

每個養鳥人都有自己的參賽準備秘訣，但有時仍會有一些小意外打亂了參賽計劃，例如準備參展的鳥剛好在評賞會前開始換羽，即使是一隻十分具有冠軍相的鳥，在這種情況下也很難獲勝，所以除非鳥兒正處於顛峰狀態，否則寧可不參展，以免損失了一次參展費用。

參賽前有一些準備工作是不可免的，例如幫虎皮鸚鵡整理臉部黑色斑點延伸

整理面罩　參展虎皮鸚鵡的一個重要特徵是其面罩，在許多情況下，整理羽毛是必須的，如圖所示。

修整面罩　形成面罩的斑點排列不規則，按照標準，以野生虎皮鸚鵡的外表特徵為依據，其露出的斑點數經常比飼鳥人期望的要多，因此，使用一套鑷子拔去不要的羽毛來修整面罩是允許的，這需要極端小心地完成。

參展須知

· 預先適當地訓練你的鳥，讓牠們被放入
  展覽籠後，不會總待在地板上。
· 在截止日期前交回填好的參展表格，
  檢查是否已填寫完畢，並裝入參展
  費用。
· 只讓處於最佳狀態，在當日可能獲勝
  的鳥參展。
· 在評審前，讓鳥有足夠的時間安頓下來。
· 不要期望每次都獲勝。

評審過程以及出色鳥類應具備那些特徵的寶貴知識，並了解評審委員的個人偏好。

評審的結果很可能是備受爭議的，但得記住評審僅是根據鳥在當天的表現來做決定。如果鳥兒一直躲在鳥籠的地板上，評審委員將無法給高分，這就是為什麼鳥展前的訓練必須準備充分。應使你的鳥適應在鳥類展覽評賞會籠中被提起來加以端詳。對於鳥來說，「跳躍」這種從一個棲枝到另一棲枝的活動很重要，可用一隻鉛筆鼓勵鳥練習，就像評審委員用評審棒來進行一樣。這種訓練會幫助鳥在評賞會上展示出最佳狀態。

到下巴周圍的區域，方法是用鑷子在臉頰兩邊各修整成三個形狀完美的斑點，但如果參賽的是面罩不明顯的白化個體，這一個步驟就可以省略掉。

幫鳥洗澡之類的賽前準備工作，應該在參賽前幾天就全部完成，以便讓鳥兒在經過一陣忙亂之後能安定下來，自己用喙理羽，在評審日前羽毛才會處於最佳狀態。

不管使用何種交通工具到達會場，都不可以遲到。最好提早出門，在鳥兒可以開始上架的時間就到達會場，而不要在評審開始前的最後一刻到達，這樣鳥兒才有充裕的時間鎮靜下來。

當評審開始打成績時，參展者不能觀看評審過程，但會有一些工作人員輔助評審委員工作。因此，如果自願做這種輔助工作，將可獲得一些有關

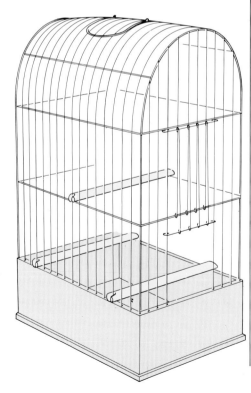

展示籠 不同的展示籠為不同的鳥而設計，可從特定鳥店裡購買，如果細心保管可使用多年。

◆ 長期計劃 ◆

鳥展上的成果反應出育種是否成功，一旦開始參展，在配種時應該特別評估每隻鳥身體的強弱。如果有一隻鳥某一特定的特徵比較突出，應努力找另一隻與之相配的鳥。不斷重新評估鳥群，經過幾年的時間，鳥的品質將明顯提高。

很可能在一定時期必須進行近親配對，到了這一階段表示已發掘出鳥兒某方面的

獲勝須知

· *即使沒有參展，也要盡可能的參觀鳥展，研究冠軍鳥的特徵。*

· *不要太早出售育種計劃中培育出來的幼鳥，否則有可能錯過一隻很有潛力的冠軍鳥。*

· *堅持對所有的鳥作精確的最新記錄，客觀評價每隻鳥體質的強弱。*

· *注意細節，展覽籠應完美無缺，讓鳥類從容的待在裡面。*

專長，例如強化一種特殊的顏色。品系選育是最安全的選擇，例如表親配對，但也應允許一定程度的遺傳多樣性，否則如果配對的親緣關係過於接近，可能有遺傳疾病與需強化的特徵同時出現。

不同類型的虎皮鸚鵡 鳥展中的虎皮鸚鵡（上圖）比普通寵物鸚鵡體型和頭部都大，這是長年選擇育種的結果。

參展鳥的品種

極品鳥可能具有足夠的優良品質，弱點較少，因此同系交配可能產生優越的後代。然而配對時雄鳥與子代雌鳥配對發生遺傳變異的可能性較小，因為後代會出現一些缺陷，並以不同的方式顯現出來，最明顯的是繁殖力和孵化成功率降低。

無論何時購買種鳥來補充，都要努力獲得在某個特徵有優勢的個體，而這種特徵正是現有的種鳥所缺的。可透

過觀看評賞會中的參展鳥，挑選這種品質的優勝者，然後詢問參展鳥的主人是否有多餘的種鳥。他們可能不願放棄冠軍鳥，但可能會提供有親緣關係的其他個體，價格較低，而且也具有你所需的優勢品質。

現在的養鳥人都有增加參展種鳥數量的傾向，但也有許多成功的參展者僅僅保留12對鳥。因此不必為了獲得好效果作巨大投資。比起只純粹重視數量來說，細心而實事求是的評估鳥的優缺點更是關鍵的因素。

無標準鳥展

這是一種對於各種鳥不存在具體評審標準的鳥展，因此鳥的實際情況至關重要，致勝關鍵不再是諸如鳥頭部形狀之類的特徵。

無標準鳥類被分成幾類，須看鳥展的規模而定。有些外國鳥類俱樂部舉辦他們自己的鳥展，同時也舉辦全國性鳥展，競爭可能都很激烈。例如，除了根據鳥種的不同，而用花朵、苔蘚和樹枝裝飾鳥籠之外，基本規則與虎皮鸚鵡評賞會中所用的一樣。

如果有意展出外國鳥，購買時要特別小心，鳥爪如果損傷會破壞參展獲勝的機會，羽毛也應完美無瑕，以免得多花一年等牠們完成換羽。赤胸花蜜鳥在開始換羽前，須用生色劑餵食（參考第157頁），以便使牠們保持自然的羽毛顏色，這一點非常重要。

參展的外國鳥 評審根據鳥的現況，而不依既定的標準評分，長尾種類的展出比短尾困難，因此這種鳥只要情況良好便具有較高的獲勝機會。

籠養外國鳥的展覽越來越富有吸引力，這類鳥易於訓練。例如，許多在鳥舍中培育的軟嘴鳥，如果在發育早期養成習慣，就可以一直由主人親手餵食，如果帶這類鳥參展，應確定是否需要有封閉腳環，因為如果沒有年齡證明，在按照鳥類出生年分類的鳥展中將不能參展，就算飼主不在乎被分在那一個鳥齡組也一樣。即使愛鳥未獲勝，這種經驗對將來參展多少都會有幫助。

有靈性的寵物

除了討喜的外型，美麗的羽毛和有模仿能力之外，鳥類也是一種十分機智的動物，牠們很容易就可以與主人建立親密的關係，獲得主人鍾愛。像圖中的非洲灰鸚鵡，就是因為靈巧而成為流行數世紀之久的寵物鳥。

鳥類的智力

鳥類是一種具有數的概念和計數能力的動物。研究結果發現，鳥類可以數數到 7，科學家讓鳥觀看畫有特定數目斑點的卡片，讓鳥試著將這一數字與做了同樣記號的食碗聯繫起來，結果鳥可以依不同的數目和圖案變化來作簡單的鑑別。

亞歷克斯的例子

美國印第安納州普度大學的艾倫·帕帕伯格針對鸚鵡對語言的思考和反應能力做了研究：她從芝加哥的寵物商店挑選了一隻名為亞歷克斯的幼年非洲灰鸚鵡，當時這隻鳥剛滿一歲，根本不會說話。帕帕伯格開始訓練亞歷克斯，故意使用一些她想讓亞歷克斯學習的單字和短語與另一位同事說話。帕帕伯格不給亞歷克斯食物，除非亞歷克斯開口要求她曾提到的特定東西時才給牠。

經過二年零二個月的訓練，亞歷克斯已掌握了一定的詞彙量，並且能運用這些詞彙與帕帕伯格交流。牠能分辨9種東西、3種顏色，並能數到6，而且還能區別形狀。

非洲灰鸚鵡 雖然顏色並不鮮艷，但智力和反應能力使牠成為一種流行的寵物。

帕帕伯格最有意義的發現是亞歷克斯學會使用「不」這個字來拒絕不想要的東西。如果牠想要什東西，就能在這個東西的前面加上「要」字，如「要香蕉」。從這個實驗可看出鸚鵡實際上能夠與人交談，而不僅是完全無法會意的重覆短句。其實在許多飼主的意識中，多少會將寵物鸚鵡當成孩子般疼愛，如果牠們的智力也和孩子一樣，那麼很顯然的鸚鵡將會躋身於最聰明的鳥類之列。

艾倫·帕帕伯格的實驗的確使鸚鵡行為的這個研究領域露出了曙光，還有人想出了一些方法讓鸚鵡使用肢體語言與同類和人類來聯繫。一隻被單獨飼養的鳥，與一隻在人工飼養期間都與同類待在一起的鳥，具有不同的行為反應。飼養者普遍認為人工飼養的鸚鵡

平衡的食譜

偏食的形成是在鳥類生命的早期，因此在鸚鵡的幼鳥時期應供給多變化的食物，以便在日後自己築巢時，樂意取食這些營養食品。成年的鳳頭鸚鵡拒絕嘗試新食品，也能用這種方法來克服。早期供給幼雛的食譜也能影響鳥的繁殖能力，如大型鸚鵡籠養的後代，就比在野外生長的同類較早出現繁殖期，這確實與營養因素有關。

比正常繁殖的鸚鵡更難配對，這當然不完全只與人工飼養過程有關，也與牠們在飼養過程中的行為有關。也就是說在寵物鸚鵡與人類密切接觸前，必須讓幼鳥在早期就適應鸚鵡群中社會化的相處行為，否則寵物鸚鵡的繁殖交配將是棘手的問題。當然，這還必須取決於鸚鵡的種類。

鸚鵡間的相互影響

虎皮鸚鵡和雞尾鸚鵡較不排斥接受同類，但其他種類的鸚鵡對同類間的相處和互動卻不太熱心。目前還不十分清楚為何會有這種現象，也許僅僅是由於鸚鵡的狀態不佳。

許多寵物鳥太肥，很可能降低牠在繁殖期中對新配偶的興趣。如果想將一雙長期培育的寵物引種給有潛力的配偶，最佳方法是花一個夏天的時間讓牠們適應環境，安於戶外鳥舍，並加大棲枝間的距離來鼓勵牠們常常飛行。如果只是單純的將寵物鸚鵡與一隻已安於戶外環境的鸚鵡放在一起，通常會引起一些相處上的問題。

夏天過後，小心的將鳥引入到中間領地。牠們在這種狀況下比較能和睦相處，不表現出攻擊性，等牠們習慣後，在下一個春季就有可能互相交配

✦ 鳥類之間的相互影響 ✦

在野外，許多種類的鳥生活在大群體中，有明顯的等級分工。因此將一個新個體引入較早已飼養的寵物鳥領地時，會有很多困難。雞尾鸚鵡和虎皮鸚鵡較能容忍，但其他鸚鵡類可能會襲擊新鳥。因此，最好一開始就兩隻鳥一起飼養，不要先養一隻鳥，後來再引入另外一隻。對已飼養熟稔的鳥要強化既存的優勢地位，給牠足夠的關心，供給精緻的食物。不要鼓勵新鳥挑戰已飼養熟稔的寵物鳥的地位，應該給予先養的寵物鳥先取食的優待，使牠放心。

鸚鵡間的爭端

最後新鳥與舊鳥必定會互相適應，但如果一開始就允許牠們出籠，則有開戰的危險。應允許每隻鳥堅守自己的領地，如果強迫牠們待在一起，即使空間較大也無法消除牠們彼此的疑慮。千萬不要只允許先養的寵物鳥從籠裡出來，而讓新鳥待在鳥籠裡，因為先養的鸚鵡可能會被新鳥的鳥籠所吸引，如果牠停在鳥籠上，腳趾正好成為籠內鳥的襲擊目標，將被嚴重啄傷。新鳥爬到鳥籠欄杆上時，腳趾也會受到來自籠外舊鳥的襲擊。即使是異性鸚鵡也難保證能夠平穩的引入。當兩隻鳥同時放出籠時，主人一定要待在房間裡看著，監視引入過程。可依新鳥馴化的程度決定何時將牠從房間移出，同時讓先馴化的寵物鳥每天運動一段時間。一定要讓牠們同處一室時，兩隻鳥既能同時放出籠，也能待在各自的鳥籠內而不發生衝突。

為了避免爭奪領地，當鸚鵡在房間內放出籠時，可關閉鳥籠的門或移走鳥籠。否則如果一隻鳥想進入另一隻鳥的鳥籠時，兩隻鳥很可能發生打鬥。

不要強行加快引入過程，應該使兩隻鳥自然的互相接受，即使這個過程得花掉幾個月的時間。

大擬啄木鳥 *具有強壯的喙和攻擊性，因此應單獨飼養，並小心監視任何攻擊的前兆，尤其是在繁殖季節。*

鳥類之間的爭鬥

如果打算養一隻以上的鳥，應該考慮到鳥與鳥之間會有怎樣的互相影響。有些鳥類對同種和異種的其他鳥類會有很強的攻擊性和猜疑心。在為一隻未經刻意馴化的寵物鳥配種時，發生衝突的可能性較小，但需要在中間領地進行。其他的鳥比大型鸚鵡寬容得多，通常把一隻雀類與另一隻放在一起，牠們幾乎一開始就毫不猶豫的靠近，坦誠的棲息在一起，即使性別相同也一樣。軟嘴鳥的攻擊性較無法掌握，有時對新鳥會表現出極強烈的攻擊性。擬啄木鳥也一樣，如大擬啄木鳥（*Megalaima virens*）非常敵視其他鳥類。擬啄木鳥之類的軟嘴鳥也難以和睦相處。

眼睛的擴張

亞馬遜鸚鵡之類的大型鸚鵡眼睛的擴張最明顯。通常是交配的預兆，也是一種健康的表現。鳥收縮瞳孔時，眼睛會頃刻呈現出更鮮艷的外觀，這種轉變常伴隨頭部羽毛豎起和鳴叫。對虎皮鸚鵡也要注意同樣的行為，例如當牠們玩弄心愛的玩具時。

正常的虹膜

擴張的虹膜

恐懼的表現 鸚鵡如果受到噪音的驚嚇，羽毛會緊緊的縮在一起，並且迅速抬起頭部。

鳥類與人類的關係

與一隻新獲得的鸚鵡建立關係需要時間，但如果以一隻人工飼養的鸚鵡作為飼養寵物鳥的開始，起步階段將會很快就過去了。不要奢望這隻鳥用對待以前主人的方式來對你，因為鳥能區別不同的人。因此，你也必須贏得鳥的信任。

對鳥說話要溫和，在鳥籠附近走動要和緩而且不慌不忙。在剛開始的幾天裡，盡量避免捕捉或把鸚鵡拿在手上，這樣會使牠感到不安。盡可能給鳥接近你的機會，人工養大的鸚鵡不久之後就會從你手中覓食，把人當作食物的來源，在這種聯繫的基礎上，不久牠就會樂於接受你撫摸羽毛。一旦牠了

聯繫　與鸚鵡建立關係需要自己付出時間和耐心，選擇幼鳥來飼養也會加快此一過程。

解你是善意的，起初的拘束感也會消失，而會慢慢接近你，向你撒嬌，在鳥籠邊摩擦身體，或是將脖子微偏向一邊，弄亂羽毛，暗示你撫摸那裡。

如果鸚鵡感到受了冷落，便會大聲鳴叫來吸引你的注意，這也是一種問候方式。不同的鳥類以不同的方式向人們問候，如馴化的鳳頭鸚鵡會豎起羽冠。大聲鳴叫也可能是一種激動的信號，例如，向著鳥噴水時，牠就會大聲鳴叫。

適應性

馴化的鸚鵡與人類在一起時的行為，其實就和在自然環境中的反應一樣。但馴化的鸚鵡也會表現出一些在野外看不到的行為特徵。其中最明顯的是馴化鸚鵡會以仰面躺下，兩腳朝天的方式躺在主人的手掌上，如果在野外，這種姿勢將使鳥處於極易受攻擊的狀態，不能馬上飛離險境。關於鸚鵡適應性的另一個證明是可教會牠們騎小型自行車。在野外，如果一隻鳥停在一根和踩踏板一樣不穩定的棲枝上，牠幾乎會立即飛開。

配偶關係的影響

家養鸚鵡的配偶關係最近才慢慢受到注意。但有些鳥類已確定在家養環境下更能形成相互信任的配偶關係。

有些鸚鵡除了繁殖季節之外，絕大部分時間是雌鳥具有統治地位，而非雄鳥。這類雄鳥通常較怯懦，雌鳥則有相當的攻擊性，拒絕任何親密的接觸，也很難接近人類；而鸚哥比其他的鸚鵡更

樂於接受人類的友誼，同類之間也常有親密的聯繫，並且自然的互相影響，即使是同一性別的兩隻鳥養在同一籠中，牠們也會站在一起，並互相用喙整理羽毛。

亞馬遜鸚鵡和鳳頭鸚鵡之類的大型鸚鵡，成熟時的個性可能會改變。在正常的繁殖周期內，可能會有一段時間改變對主人的反應，也可能會變得較敏感，受到輕微刺激就會啄人，比平時更吵鬧，也更具破壞性。

鸚鵡的肢體語言

鸚鵡不是一種攻擊性的鳥類，不受刺激時很少啄人，在行動前通常會先發出信號。然而紅嘴的環頸鸚哥卻不允許人類走近牠們。顏色對鸚鵡間的互動很重要，例如一隻有統治地位的鳥，在沿棲枝前進時會醒目的炫耀喙部，而地位低的同類會將頭轉開，藏起喙部，移到另一棲枝上。如果一隻鸚鵡走向競爭對手時，喙部降低並輕微張開，就表示牠正發出強烈的挑戰訊息，一有機會就用喙去啄對手，這種舉動通常是為了保護配偶。

雖然鸚鵡是群居性鳥類，但牠有時卻不想引起其他鳥類或主人的注意，如果紅金剛鸚鵡就常因看到紅色而感到不安。這類鳥的羽色主要為綠色，翅膀邊緣有紅色的羽毛，一直延伸到翅膀下，並常被遮蓋。當一隻家養鳥不高興或對環境不放心時，如果走近牠，牠就會抬起翅膀，將一側或兩側翅膀

輕微舉起，露出紅色的羽毛，如果這樣還不具有足夠的威懾力，牠將會拍打翅膀，通常是在你接近的一側拍打，並可能使你遭受拍擊。鳥也可能會用嘴啄你，但這僅僅在牠極生氣的狀況下才可能發生。如果你堅持打擾牠，鸚鵡很可能會飛開一段距離。

判斷鳥的年齡

人工飼養的幼鳥非常貪玩和好奇，就像幼犬一樣，成熟以後就會較穩定。大多數鸚鵡少有成熟跡象，只能依換羽的方式判斷。年長的鳥要用更長的時間換羽，並且較少炫耀，不願整理自己的羽毛，因此長尾羽可能在長出到最長狀態後仍位於羽鞘中，換羽方式也會變得較難預料。在鸚鵡的晚年，羽毛生長得較為稀疏。

壽命

鸚鵡是壽命最長的鳥類之一，只有禿鷹、鶴和貓頭鷹的壽命可與之相比。但是不同種類的鸚鵡壽命卻有相當大的變化，例如虎皮鸚鵡的壽命就相當短。盡管鸚鵡在籠中也許可活一世紀，但在野外生活的鸚鵡面對著諸多的危險，壽命通常很短，即使是鳳頭鸚鵡也可能不會活過25歲。同樣的，許多較小的鳥類，如非洲的雀類，一般不能活超過一年。

──◆ 常見的行為問題 ◆──

除不停的尖叫外，鸚鵡在有繁殖能力之前不會有任何問題。大型鸚鵡可能在四歲左右就有繁殖能力，而虎皮鸚鵡只需一年。雄性虎皮鸚鵡出現行為問題的徵兆是牠可能會求助於籠中的餵食工具，甚至試圖與之交配。當牠在籠外時，會將主人的手指當作交配對象。雌鳥在達到這個年齡時，會開始想孵卵，而在籠內的地板上產卵，如果你留下假卵，牠很快就會對孵卵失去興趣。在牠對假卵失去興趣前，不要移出假卵，否則牠很可能會再產卵。但不論是雄鳥或雌鳥，此一問題階段很快就會過去。

預防行為問題

· 從純種幼鳥開始飼養，牠們很樂意在家裡安居。
· 如果自己每天要外出很長的一段時間，就從兩隻鳥開始養起，讓牠們互相作伴。
· 挑選較大的飛行鳥籠，提供樹枝讓牠們啄咬，並選擇一些安全玩具供牠們玩。
· 記住定期幫鳥噴水，每周至少2-3次。
· 充分供應新鮮水果和蔬菜。

攻擊性

對大型鸚鵡而言，攻擊性是產生交配欲望的徵兆。太陽鸚哥會頻繁的炫耀，豎起冠羽並且大聲鳴叫，也可能會出人意料的啄人。牠們可能會更具破壞性，但這種行為應僅持續幾周。

挑選寵物鳥時，如果只能選擇一隻雄鳥或者一隻雌鳥，那麼應挑選雌鳥，因為一般來說，雌鳥的攻擊性較小。

啄羽癖

啄羽癖雖不是飼養鸚鵡過程中的主要問題，但卻是最難以處理的問題之一，因為沒有根治辦法，而且這類問題常出其不意的發生。要認真謹慎的處理有啄羽癖的鳥，病情嚴重的鳥甚至會拔光自己的羽毛。其他具有相同症狀的鳥則可能啄掉集中在某一特定區域的羽毛，如僅僅是胸部的羽毛。

這種行為會迅速成為習慣，主人在發現後必須立即採取行動阻止。首先要弄清楚為什麼鳥兒會有這種行為，一般認為不耐煩是最主要的原因。將鸚鵡移到家裡的其他地方，對制止這種令人苦惱的行為會有幫助。

養在房間裡的寵物鳥，比養在鳥舍中的鳥拔羽更頻繁，這可能與養在室內的鳥不常洗澡有關，因此，幫鳥定期噴水是必要的。

在飲食上作變化

時常檢查鸚鵡的食譜，決定是否要加入更多的變化，增加營養供應與提供更多的玩具一樣對鳥有所幫助。非洲灰鸚鵡

和鳳頭鸚鵡之類敏感的鳥，最易形成啄羽惡習，如果將他們日常生活習慣改變，可能會觸發以前的惡習，形成固定的行為模式，嚴重的在新羽毛一露出皮膚時便將之拔去。可在症狀嚴重的鳥頸上裝上「伊麗莎白」式的固定硬領裝置，阻止鸚鵡碰到新生羽毛。不過即使設法解決了這一問題，舊疾復發仍十分多見。如果所有的方法都失敗了，就將鸚鵡移到戶外的鳥舍裡，給他們一個伴侶，有時就可解決

蓬亂的羽毛 養在家裡的寵物鸚鵡，常有羽毛問題。如果發生啄羽癖，要立即採取行動，阻止牠養成這種壞習慣。

問題。要注意在羽毛長齊以前，不要讓牠在鳥舍裡受涼。

鳥類的肢體語言

家養鸚鵡可能養成一些在野外很少見的行為特徵，其中令人印象最深的是牠們常仰面躺下，讓人在其腹部搔癢。

鸚鵡也常用正常的肢體語言與主人交流。了解這些訊號很重要，尤其為別人介紹自己的寵物時。如果鸚鵡有敵意出現時，常沿棲枝躡手躡腳的走動，並壓低頭部，做出一副小心翼翼的樣子，企圖迫使對方拿開他的手。在較緩和的情況下，鸚鵡可能僅抬起一隻腳後就停止前進。

鸚鵡是一種敏感的鳥，有時不喜歡被注視，尤其是那些牠們不太了解的人。即使是家養的鳥，一有人靠近鳥籠時，牠們也可能會走開，除非是已贏得牠們信任的人。受驚的鳥會全身直立，看起來比正常姿勢高。鸚鵡也會高聲鳴叫，興奮的跟主人打招呼。當主人引起牠們注意時，可以觀察到牠們歪著腦袋盯著人看。通常鸚鵡睡覺時只用一隻腳站在棲枝上，並用這種方式交替抓住棲枝。不過，當一隻鳥表現出勉強使用另一隻腳時，可能是因為牠想引起主人的注意。鸚鵡天生在清晨和晚上最活躍，而不是在白天。

鳥病的預防和看護

近幾年在鳥類疾病的防治上大有進展。在細菌性疾病方面，因為抗生素的廣泛應用而提高了治癒率，但病毒感染的情況卻越來越嚴重，而且十分難以治癒，讓飼鳥人非常困擾，尤其是在大規模的商業飼養場中，疫情傳染往往十分嚴重。

病菌的傳染

孵育鸚鵡的工作常由專業的人工飼養業者來代勞，由於飼養場裡混合了許多來源不同的鳥類，很可能一不注意就造成疾病傳播；對飼養鸚鵡的人來說，發生在鸚鵡的喙和羽毛的疾病（PBFD）是最嚴重的一種病，這種病就是由鳥群來傳染的。

將鳥帶到展覽場當然也有感染疾病的風險，不過在這種情況下，鳥只離開很短的一段時間，鳥群不會直接混合，而且那些健康狀態不佳或是帶有傳染源的鳥也不太可能參展。但參展回來的鳥還是有必要隔離幾天，以防有例外情況發生。

引起疾病的方式很多，例如寄生蟲可能留在棲木或鳥籠中，所以如果購買舊的二手鳥籠，一定要徹底擦洗消毒，確保寄生蟲和所有病毒都已去除。生活在寵物鳥附近的其他生物也可能是傳染源。寄生蟲是一種明顯的危害，棲落在鳥舍上的野鳥所排出的糞便可能會引起疾病；鳥舍堆積的髒物也具有潛在危險性，可能使鳥棲落在地上時導致足部的感染，尤其是和平鳥之類的軟嘴鳥就很容易受到感染。

任何參觀者的鞋子和衣服都可能帶來疾病，曾有鸚鵡喙和羽毛感染症被證實是由到過寵物商店的人，帶進了封閉的飼養場中的。如果養了易遭感染的鳥，一定要做好所有的預防措施，對一些從事與鸚鵡相關行業的人，或是最近曾與幼鳥群接觸的參觀者，要盡可能的避開。如果自己最近參觀過其他鳥園，也要記得換掉鞋子和衣服。

為鳥兒買份保險

在英美已有許多承辦寵物保險的公司，保險費並不高。隨著鳥類醫藥的發達，檢驗和治療方式的選擇性越來越多，價格也更昂貴，為鳥兒買份保險不但可以減輕醫藥費的負擔，在鳥兒不幸遺失時也不會有財務損失。與所有的商業保險一樣，飼主可自由選擇適合所需的保險單，通常一些高價買進的鳥，最初的兩年都會加入保險，直到牠們在鳥舍中安頓下來為止。

·◆ 疾病的診斷 ◆·

一隻在購買時看起來完全健康的鳥,也有可能帶有腸道寄生蟲。寄生蟲的種類相當多,從蠕蟲到單細胞的原生動物都有可能。在對新買進的鳥作初步檢查時,應順便進行糞便的抹片檢查,如果真有寄生蟲,再根據需要進行適當的治療,這個過程通常花費不多,治療的細節可以向獸醫請教。

通常僅用肉眼並無法對鳥類疾病作準確的診斷,因為症狀不見得只有一種,而不同的疾病有可能表現出相同症狀;通常病鳥只是羽毛失色或縮成一團。如果發現鳥兒的顏色有點灰暗,出奇的不活躍,最好就先把病鳥移到溫暖的地方,維持大約30℃的溫度。病鳥在不正常的代謝速率下,如果飲食不當,常會加速損耗熱量,導致體溫過低而死亡。

多向獸醫請益

大多數病鳥都會失去食慾,為了重新激起牠們對食物的注意力,可把食物放在棲木旁的容器內,飲水也可運用這一方法。病鳥的狀況通常迅速惡化,因此絕不可拖延診治,盡量向獸醫描述症狀,並對鳥的經歷做簡短的介紹,例如:飼養這隻鳥有多長時間,是否親自飼養,以前是否染過任何疾病以及平時的食物內容。

家中應準備特別設計的醫用鳥籠,這種鳥籠對大大小小的雀類、小型鳥類及虎皮鸚鵡都適用。

保持溫暖

對體型不同大小的鳥可能需要安排不同的保暖設施。暗處專用的紅外線燈泡,只散發熱量而不發光,是一種理想的熱源。如果鳥籠頂部是網狀的,就可直接將燈泡掛在鳥籠的上方;如果放在一側,應加上反射罩,使熱源集中。在鳥籠內可裝置恆溫器來控制熱量的輸出,這種裝置通常裝在飛行場地上方,對於脆弱的軟嘴鳥來說,這是很有用的取暖熱源。鳥兒在環境密閉的醫用鳥籠中,自己會找到最舒適的位置休息,由於身體暖和起來而較有活力,便可能離開熱源直接照射的地方。

如果只用加熱燈泡,不使用醫用鳥籠,鳥兒可以自動移到地感到溫度最適宜的位置,不一定得待在恆溫下。

隨著鳥身體狀況的改善,可從開關調整燈泡的熱量輸出,逐漸降低溫度,但不要太急著讓病鳥重新適應氣溫,否則鳥兒很可能再度加重病情。

讓病鳥多曬曬太陽,可促使鳥進食,補充在病中減輕的體重。不要把剛從病中恢復過來的鳥直接送回到外面的鳥舍中,應該放在室內度過冬天,直到天氣轉暖再放回鳥舍。

治療方式

由於要求迅速治療，獸醫常會使用抗生素，並同時取樣，在治療過程中進行檢驗，然後再改正治療的方法。病鳥很可能脫水，應供給特定的補充液來挽救牠們的生命，尤其對患有腸炎的鳥更應如此。

藥物治療

體型大的鳥恢復較快，小型雀類比鸚鵡更難治療，在飲水中加入一定劑量的抗生素對小型鳥多少有幫助，但必須嚴格按照獸醫的建議來混合，以免發生危險。

如果鳥能飲水，且待在溫暖環境中，將更有希望復原，但不要太快停止治療，應持續治療到指定日期。在完成抗生素療程之後，應在鳥類食譜中加入原生物素製劑，以幫助平衡消化道菌群。

大型鳥較無法藉由飲水中加藥來治療，因為須要大量的治療劑量。吸蜜鸚鵡和鸚鵡之類食用液體食物的鳥類，會排斥帶苦味的溶液，因此獸醫大多建議直接注射抗菌素，收效較快。

治療軟嘴鳥時，可將一定劑量的藥物灑在食物上，或以藥片餵食大型軟嘴鳥，如蕉鵑、鴿子和斑鳩。餵鳥時握住鳥，除非必要不可以太用力，掰開鳥嘴，把藥片盡可能深入放入鳥嘴內，小

鳥屍的解剖

不管由於何種疾病而導致鳥兒的死亡，都應把牠交給獸醫，獸醫會依飼主的要求安排屍體剖檢。如果鳥兒是死於一種應使用抗生素治療的感染，對於挽救鳥群中其他受感染的鳥，就有關鍵性的作用，因為解剖可以瞭解細菌對何種抗生素有抗藥性，以及那些抗生素最有效。對診斷和治療消化道寄生蟲之類的疾病，也具有實際意義。

心避開呼吸道，然後迅速閉上鳥嘴一會兒，使鳥吞下藥片。

剛從疾病中恢復過來的鳥需仔細照料一段時間，所以不要立即把牠放回鳥舍中，因為在公共飛行場地中，牠可能受到攻擊，也可能再度遭到感染。逐漸降低病鳥環境的溫度，使牠能重新適應正常氣溫。如果在冬天把病鳥帶進室內，就一定要留到第二年春天，即使在溫暖的季節放出戶外，也應隨時檢查鳥是否充分適應，恢復往常的活躍。在生病期間鳥兒常發生體重下降，導致胸骨比平時更突出，所以應等到其體重恢復，鳥變得機警和活躍時才把牠放回鳥舍內。

呼吸道疾病

觀察鳥類在休息時的鳥尾巴活動的情形，可以相當程度的瞭解其健康狀況，如果尾部的活動顯得很吃力，表示鳥的呼吸系統有問題；觀察鼻孔的分泌物與堵塞物，也可作為判斷的標準。

如果因鼻孔堵塞而使呼吸特別困難，使用適當的藥物治療可改善這種堵塞。方法是握住鳥的背部，在牠的兩個鼻孔裡各滴一滴藥液，如果此處有明顯的沈積物，在你開始清理堵塞物前要用溫水洗去外部的髒污處。

對於和鼻竇有關的慢性病，即使使用抗菌素進行治療，也只能在剛開始時改善鳥的症狀，如果把病鳥移走，又會舊病復發，或加重病情。

堵塞的鼻孔 大型鸚鵡的鼻孔被分泌物堵塞的情形較少，若有這種情形表示牠患有上呼吸道輕微感染。

曲霉病 圖中是引起真菌性疾病的病菌在顯微鏡中的放大圖。

此外，像曲霉病這種真菌性疾病，感染的早期症狀較少，但最後將會致命。鸚哥、菲律賓鳳頭鸚鵡（*Cacatua haematuropygia*）和很多種軟嘴鳥，都有可能碰到這種問題。如果這種病菌生長的速度未加以抑制，鳥的病情就會加重，臨床症狀也開始變得很明顯，呼吸更吃力，而且不能飛行，體重顯著下降。

診斷鳥類是否已有感染徵兆可用內視鏡來完成，與用於外科鑑定性別的方法一樣；X光檢查也可以檢查出呼吸疾病，不過鳥的呼吸疾病目前還沒有真正有效的治療方法，只能使用人類醫療的一些藥物加以抑制。

◆ 消化道疾病 ◆

鳥兒如果患有消化系統疾病或腸炎時，鳥糞便會鬆散而呈綠色，不管是傳染性或非傳染性的消化道發炎，都會有這種症狀。如果鳥沒有養成取食綠色食物的習慣，就很容易引起腸炎，通常不難復原。有顏色的種子飼料也可能影響鳥糞的顏色，但如果一停止供應這種有色食物，牠們就會恢復正常。

病情嚴重時的狀況

如果一隻鳥表現出病態，並且縮成一團，待在鳥籠內的地板上，表示情況相當嚴重，應該立即找獸醫診治，否則有些如沙門氏菌病還能傳播給人類。無論何時與病鳥接觸，都要嚴格遵守衛生防預措施，照料完病鳥後，要在消毒水中洗手。讓獸醫檢查出可能的病因，並以點滴和抗菌素治療。

航髒、不衛生的環境可能引起腸道疾病，經鼠類污染的食物也非常危險。當鳥病癒後，可能在一段時期內繼續排泄出細菌，這對其他同類會產生危害，應持續餵食抗菌素，並檢查糞便的含菌量。

衛生的重要性

如果檢查出大腸桿菌，表示衛生工作可能需要改善。雖然這種微生物在哺乳動物的消化道中多少會存在，但在鸚鵡和其他的鳥類體中並不常出現。準備食物時不夠衛生是可能感染的原因，即使洗完手後，如果用一條被污染的毛巾擦手，這種生物會又回到你手上。

前胃膨脹症候群，最初稱為金剛鸚鵡廢氣病，已引起大型鸚鵡飼養業者的關注。被感染的鳥情緒消沉，排出整顆未經消化的種子。這種疾病發生在藉由肌肉活動研磨種子的前胃，目前並沒有可行的治療方法，是否能復原只能聽天由命。這種病藉由接觸鳥的糞便或嘔吐物來傳播，故應把感染的鳥隔離。

消化道疾病 消化道發炎常是由於接觸傳染，或因吞食的物體停留在消化道中所引起。

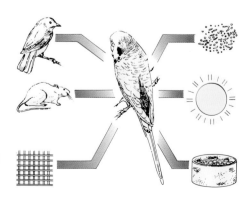

野鳥使食物沾上病菌 新鮮的食物應先經過沖洗來預防。

食物遭害蟲污染 應從商譽載好的商店購買食物，並貯存於冰箱中。

生鏽的鳥籠 鳥兒可能吞下鏽屑，尤其是鸚鵡。

不乾淨的食物 餵食鳥類的食物必須新鮮而且經過衛生處理。

被太陽晒餿的食物 泡過水的種子和牛奶在陽光下可能變餿。

生活環境不衛生 經由不乾淨的食器和糞便傳染。

生殖道疾病

卵難產是這類疾病中最值得注意的，雌鳥隨時可能發生此種狀況。對於那些一直是很健康的鳥來說，卵難產的症狀是非常明顯的。主要症狀是腿站不穩，由於卵導致壓力增大而不能棲於樹枝上，而且卵會影響到周圍的神經系統。一旦雌鳥染上這種病，就要很小心的照顧，因為蛋有破裂的危險，並可能導致腹膜炎。初期能覺察到在雌鳥兩腿間有輕微的腫脹，但如果堵塞在生殖道較深的位置，就要做一次 X 光檢查。

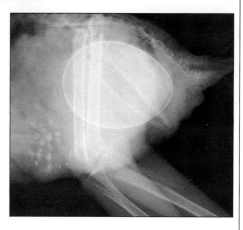

卵難產的診治 這張放射照片清楚的顯示了白色固態的鳥卵，堵塞在生殖道裡。

幾種因素可導致雌鳥發生卵難產，如年輕的雌鳥第一次產卵，以及老年鳥在有生殖能力的末期，最有可能碰上這種疾病。主要原因很可能是食物中缺乏鈣質或雌鳥本身對鈣質代謝異常，以致形成具彈性的軟殼，影響肌肉把卵推出生殖道。

首先要消除堵塞，最佳方法通常是由獸醫注射一種鈣複合物，最後可能要借助外科手術。如果臨時找不到獸醫，潤滑泄殖腔也可以幫助蛋排出來。

影響鳥類生殖器的疾病不太常見，另外一種為泄殖腔乳頭狀瘤，在金剛鸚鵡和亞馬遜鸚鵡間較容易相互傳染。

患有泄殖腔乳頭狀瘤的鳥類交配時可能產生障礙，並引起便祕。這種瘤也會伸出泄殖腔，並伴隨泄殖腔下垂，除非長出的瘤很快出血而消去。治療方法包括接種疫苗，及以硝酸銀治療乳頭狀瘤，在一周左右就能有所改善。假如一年內沒有復發，被感染的鳥就可以放回飼養群中，不必擔心牠會傳播疾病。

泄殖腔脫垂

由長期的卵難產而產生的綜合症狀，會有一團粉紅色的組織伸出泄殖腔，所以稱為泄殖腔脫垂。如果這團組織較髒，應沖洗乾淨後塞回體內，在脫垂部分的兩側用兩個手指頭塞回即可。可使用潤滑劑，如果仍不能把這一組織保持在原位，就請獸醫做暫時的縫合。

◆ 鳥喙和眼部的疾病 ◆

鳥 的上、下喙偏離正常位置（參考第122頁）沒有辦法矯正，除非定期修剪鳥喙，使鳥沒有進食障礙。雄性虎皮鸚鵡的喙很容易長得太長，應提供足夠的新鮮樹枝供他們啄咬，使其喙保持整齊，尤其是當他們對鳥賊骨不感興趣的時候。

由於上喙長歪而引起下喙前端過分生長時，可修整下喙過多的部分，以便下喙能捲到上喙後面而不超過上喙。

眼部疾病

最初的症狀是眼瞼腫脹並有分泌物，隨後會閉上眼睛。軟嘴鳥如果腳髒，在抓眼部周圍的皮膚時可能引起感染，形成同樣的症狀。須以消毒滅菌治療，治療後把鳥握住一會兒，讓藥水在眼內溶解，否則眼液會把藥物沖出眼睛。每天重覆三到四次，這樣治療通常收效很快，但要在獸醫指導下連續治療。

眼疾

眼部疾病是一種更易延及全身的感染症狀，如各種鸚鵡熱，或者最近發現的衣原體病，這是一種嚴重的動物傳染病，能由鳥類傳染給人類，症狀與肺炎相似，需要用抗菌素進行治療。許多種動物（不限於鳥類）會感染這種疾病，衣原體病是由一種稱為*Chlamydia psittaci*的微生物引起的。

鸚鵡是對人類健康最可能有影響的鳥類，盡管由鳥類引起的感染事件比率不高，在美國每年大約只有十個病例的發生是和籠養鳥和進口鳥有關。但這種病並不是由進口鳥類引起，如果擔心得到這種疾病，可請獸醫檢查和治療。進口到美國的鳥類照慣例都會先以四環素來治療衣原體病，但當然沒有辦法阻止他們後來才得病，因為這是一種野生鳥類間的地區性傳染病，在其他地方也會出現。

紅眼虎皮鸚鵡最容易受到眼部感染。對單一部位感染的治療方法非常直接，可使用特定的眼膏，也可使用眼藥水，但效果較差，因為在還未產生藥效前，鳥會眨眼擠出藥水。對於參展鳥最好使用眼藥水，因為眼膏會使羽毛失去光澤，眼藥水則不會留下任何痕跡。

完成一段療程後，丟掉所有未用完的藥物，換掉棲枝或進行消毒，因為鳥可能會接觸到患病時的排泄物，或因而傳染給其他個體。如果鳥只有一隻眼受到影響，可能是局部感染，不是全身性的，恢復後很少舊疾復發，而且鳥較不會長期受到疾病的影響。

✦ 營養失調 ✦

在這類疾病中最值得注意的是白斑病，這一問題以人工飼養的鳥最明顯，也可能是引起雞尾鸚鵡幼鳥死亡的主要原因。致病的微生物可能存在成年鳥的嘴裡，親鳥並沒有明顯症狀，而幼鳥卻在接受親鳥餵食時被感染，所以感染途徑是透過餵食器具在人工飼養鳥中傳播。

白斑病 缺乏維生素A的鳥類中最有可能碰到這類問題，常發生在雞尾鸚鵡、鸚形目、鸚鵡科和折衷鸚鵡中。

白斑病

活躍的幼鳥最可能產生危險，牠會在食具兩側摩擦上喙，擦傷組織而感染，剛開始是一塊小白斑，如果擴散可能引起鳥無法進食，嚴重的白斑病可能影響嗉囊及消化道下部。如果在早期檢查出來，抗生素通常可以治好這種疾病。當鳥類的食物中維生素A的含量偏低，貯存於肝臟的維生素A被耗盡時，就可能觸發這種疾病，因此要供給適當的維生素A，也可餵食含有天然維生素A的食物，如胡蘿蔔。

脂肪瘤

鸚鵡很容易長小脂肪瘤，常生於身體腹側，在下胸部附近，也有可能長在其他地方，瘤的位置如果靠近泄殖腔，就會防礙正常的交配。脂肪瘤通常在幾個月內形成，應盡快向獸醫諮詢，以便能在對其危害最小時施行手術。治癒後嘗試讓鳥多運動，例如把牠放在更大的場地中飛行。脂肪瘤的形成可能與潛在的甲狀腺疾病有關，復發程度還不能確定。長脂肪瘤的鳥並不會致命，但會影響鳥的飛行能力，甚至只能在籠內爬行。

脂肪瘤 常發生在生活於室內的寵物鸚鵡身上，缺乏鍛鍊是這種疾病產生的原因，也可能與甲狀腺功能不全有關。

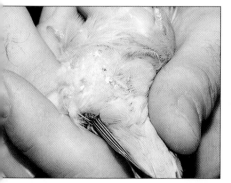

◆ 寄生蟲病 ◆

鳥類身上的寄生蟲可分為寄生於體表與寄生於體內兩大類，除寄生於鳥類呼吸系統的氣囊蟲以外，大多數的蟲虱均寄生於體外。鳥類氣囊感染的症狀是由灰塵所引起的，遭到感染的鳥會氣喘，稍微運動後即出現呼吸困難的症狀，目前以Ivermectin這種透過皮膚吸收的藥物治療氣囊寄生蟲病。

影響範圍最大的鳥類寄生蟲是疥癬症（Knemidocoptes），虎皮鸚鵡最容易罹患，剛被感染的虎皮鸚鵡上喙會產生蛇形痕跡，慢慢形成珊瑚狀殼，然後擴散到喙和眼睛周圍。被感染的鳥應立即從鳥舍中隔離，並在寵物店購買適合的藥物來治療。

紅蟎蟲(刺鳥壁虱)（Dermanyssus gallinae）這類寄生蟲沒有特定的寄主，是所有鳥類的大敵，在有利條件下便會迅速繁殖而大規模傳染，使雛鳥產生貧血症。更嚴重的是紅蟎蟲(刺鳥壁虱)在吸血時會在鳥群間傳播濾過性病原體，致使鳥體衰弱，因此所有的鳥剛開始飼養前都要先作噴水浴。

腸道蛔蟲症（Ascaridia）在澳大利亞鸚鵡和雞尾鸚鵡身上特別容易發生，這與牠們常在地面找尋食物的習慣有關。在把剛買回來的鳥放入鳥舍前，一定要先盡量除掉寄生蟲，方法是在軟質食物和水中摻入合適的藥物，雖然藥物的苦味很可能讓鳥兒不願意飲水；腸道蛔蟲症的初期症狀並不明顯，遭感染的幼鳥離巢時看起來仍十分健康，食慾很好，但體重日益減輕，

早期的疥癬症 這種由疥癬蟲寄生在皮膚上所引起的皮膚病，經由接觸傳染，圖中的虎皮鸚鵡上喙已有輕微感染的痕跡。

嚴重的疥癬症 早期發現的疥癬症並不難治療，只要在患部持續塗抹藥劑即可，圖中的鸚鵡症狀十分嚴重，喙部已經變形。

腹瀉，惡化時可能使病鳥致命。

原蟲感染也會引起滴蟲症，這種病在斑鳩和鴿子中最為常見，虎皮鸚鵡也很容易被感染，成鳥和未離巢的雛鳥都有可能患病，寄生蟲會在食道表皮和嗉囊中繁殖，沈積於此引起堵塞，通常以過錳酸鉀、磺胺劑(dimetridazole)來治療這種疾病。

血液中的寄生蟲

鳥類的血液抹片中常可檢測到各種原蟲，原蟲通常因昆蟲叮咬傳染，有許多種昆蟲是傳染媒介。白血蟲症(Leucocytozoon)是最嚴重的一種鳥類原蟲疾病，寄生在心臟內的白血蟲很容易引起突發性心臟病。此病無法治療，預防的方法是用蚊帳避免鳥群讓蚊子叮咬，如有突然死亡的鳥兒，應作鳥屍解剖檢驗。

血液抹片 由血液抹片上清楚顯示出鳥的血液中有白血蟲原蟲。

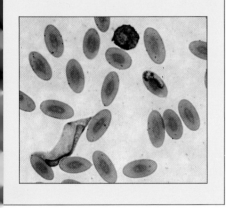

寄生蟲的生活史 下圖是條蟲和蛔蟲典型的生活史。蛔蟲經由糞便中的蛔蟲卵來傳播，因為是直接傳染，對鳥類的健康構成嚴重威脅。

條蟲

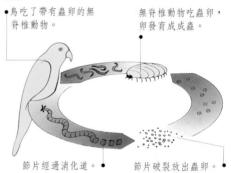

● 鳥吃了帶有蟲卵的無脊椎動物。

無脊椎動物吃蟲卵，卵發育成成蟲。

節片經過消化道。

節片破裂放出蟲卵。

露出病態，這很可能就是感染蛔蟲了。

使用驅蟲劑治療病鳥後，即可在鳥糞中發現短短的白色蛔蟲，由於鳥糞中含有蛔蟲卵，鳥群很容易在鳥舍的地面吃進蟲卵，因此僅僅治療被感染的鳥是不夠的，同時也要刷洗鳥舍，並徹底消毒，才能減少口腔傳染。

條蟲必須藉由中間寄主才能間接傳染，通常是由於鳥兒吃進了甲蟲之類帶有條蟲的無脊椎動物才發病的，以藥片治療即可。

原蟲(原生動物)是十分微小的單細胞生物，寄生在鳥的腸內，引起慢性

蛔蟲

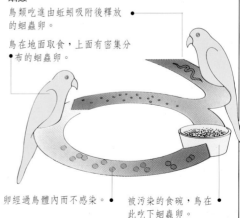

鳥類吃進由蚯蚓吸附後釋放的蛔蟲卵。

鳥在地面取食，上面有密集分布的蛔蟲卵。

卵經過鳥體內而不感染。

被污染的食碗，鳥在此吃下蛔蟲卵。

──◆ 羽毛問題 ◆──

鸚鵡是一種最易感染羽毛疾病的鳥類。法蘭西式換羽是一個困擾了虎皮鸚鵡飼養者一個多世紀的嚴重問題,一般在幼鳥離開巢穴時發生,飛羽和尾羽比正常情況更脆弱,易折斷而且損及鳥的飛行能力。對於同窩的幼鳥,並非必定全部都被感染,但這種疾病有時會大規模流行。

病毒性疾病

法蘭西式換羽由病毒引起,但感染與其他因素有關,如營養。這種病毒存在鳥巢中,很可能由糞便或羽毛攜帶著,因此打掃到被感染的鳥巢時要特別小心。應使用

法蘭西式換羽 這種羽毛疾病由病毒引起,虎皮鸚鵡和其他鳥類感染後羽毛的發育受阻。

> ### 羽毛疾病
>
> · 法蘭西式換羽與鸚鵡喙和羽毛感染症 (PBFD)的區別在於只感染幼鳥,通常不會有生命危險。在輕微情況下可以恢復,然而鳥可能繼續攜帶病毒,使一同飼養的鳥均有感染疾病的危險。
>
> · 羽毛剛剛長成的虎皮鸚鵡脫落飛羽和尾羽即是法蘭西式換羽的症狀,鳥齡較大的鳥的羽軸上如果有乾涸的血跡,表示曾經受過感染。
>
> · 鸚鵡喙和羽毛感染症造成鳥羽變得薄而稀疏,並引起喙和爪的反常生長,這種疾病通常會導致死亡。

單獨的刷子,避免把患病的幼鳥與健康個體混放於同一場所。這種鳥最好作為寵物出售,不要留下來育種。

使用電離劑對鳥舍定期消毒可克服這種疾病。虎皮鸚鵡之外的種類中也會碰到同樣問題,特別是桃臉情侶鸚鵡和環頸鸚鵡,但目前其傳播還不廣泛。

鸚鵡喙和羽毛感染症是最近幾年經證實的最嚴重的病毒疾病,從它在鳳頭鸚鵡中發生起,已證實至少有36種不同的品種遭到感染,專家為了使遭感染的鳥流入市面已做了不少努力,終於生產出一種疫苗。但目前被感染的鳥對其他個體仍構成嚴重的危害,因為病毒存在糞便、羽毛灰塵和嗉囊中,雛鳥很可能在離開鳥巢前即遭感染。

── · 骨折 · ──

鳥類的骨折相當少見，鸚鵡幼鳥和幼鴿初次離巢時最易發生顱骨骨折。在這一段時間，牠們可能對鳥舍的邊界不習慣，在受到驚嚇時會四處急飛而受傷，通常顱骨損傷是會致命的。

翅膀骨折

如果是翅膀骨折，把握良好的復原時機常能治癒。骨折最常用的治療方法是借助於各型的外用夾板。如果懷疑鳥翅骨折，帶到獸醫那兒確定有多嚴重，如果確認為骨折，獸醫會麻醉鳥，以固定夾板。要把受傷的鳥單獨養在一個

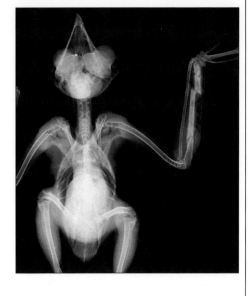

翅膀骨折 使用 X 光可以幫助獸醫確定骨折的嚴重程度，採取最佳治療行動。

鳥籠內，大約 8 周左右，骨折可能完全癒合。

由於在痊癒期間，傷鳥被迫不能活動，因此在肌肉完全恢復功能前，還需花費一段時間。尤其是在翅膀骨折後，完全復原的程度取決於骨折的位置，如在肱骨的中部發生的骨折，應可完全治癒；但在肱骨的遠端靠近關節處發生的骨折，就難以治癒，因為斷骨很難固定在原位，所以不容易完全癒合。

腿部骨折

骨折的外用夾板可用紙夾和曬衣架替代，可依鳥的大小以及骨折的位置和嚴重程度選擇。確保鳥不能移動和弄掉夾板很重要，為達這一目的，可能需要在鸚鵡頸部戴上特製的硬頸圈。

固定腿部　　　　　　保持腿部固定

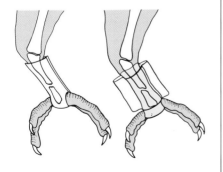

◆ 找獸醫治療 ◆

對於大多數鳥類疾病來說，藉由視覺觀察來準確診斷是極困難的。病鳥通常只是縮成一團，羽毛蓬亂，看起來有些褪色。然而不管病因如何，應把病鳥轉移到溫暖的環境中，保持大約30℃的恆溫，鳥類代謝速率較高，如果取食不正常，身體的熱量會迅速散失，引起體溫過低而直接導致死亡。應把食物和水放在靠近棲木的適當容器內，鼓勵牠們進食。

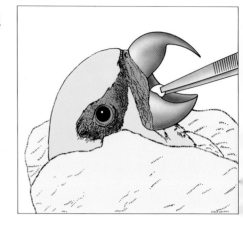

幫鸚鵡餵藥 可以用夾子餵給鸚鵡藥片，如圖所示。

向獸醫請益

由於病鳥的狀況會迅速惡化，因此要立刻尋求獸醫的建議，盡可能清楚的描述症狀，對鳥的經歷作一簡單的介紹，包括你養這隻鳥有多長時間、是否由你飼養、以前是否生過病、平時供應什麼食

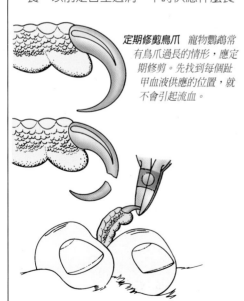

定期修剪鳥爪 寵物鸚鵡常有鳥爪過長的情形，應定期修剪。先找到每個趾甲血液供應的位置，就不會引起流血。

譜、你所養的其他鳥是否感染過同樣的病症等等。

由於必須立即開始治療，獸醫通常會先開一劑對一定範圍內的細菌有療效的抗生素。然而在治療的過程中，他們可能先取樣，並在實驗室研究，幾天後當病因被確定時，再根據其研究結果對治療作修正。感染了腸炎的病鳥通常會迅速脫水，為了確保病鳥身體復原，打針與藥物治療同等重要。

藥物治療

鳥的體型大小也可能影響存活的可能性。例如小型雀類比大型的鸚鵡更難治療，如果按獸醫指示在飲水中加入一定劑量的抗菌素可能會成功治癒。但千萬不要未經指導而使用此方法，

因為過量的抗菌素會對鳥的肝臟和腎臟產生致命的影響。

抗菌素很快就會失效，因此可能需要每天配製二到三次新鮮的溶液，只能使用塑膠或陶瓷的盛水器，這種容器不會與藥物發生反應。

如果鳥能保持溫暖並正常飲水，便會迅速恢復，在這一段時間內，持續進行治療對於防止舊病復發很重要。在經過一連串的抗菌素療程後，使用原生物素可以幫助平衡其對消化道菌群的影響。

大型鳥常遇到的問題

藥物應在消化道內被吸收，並在體內達到一定的治療濃度才有效。然而對於大型鳥類而言，把藥物放在飲水裡並不是一個好方法；另外，抗菌素溶液通常相當苦，鳥可能不願飲用。因此，獸醫會建議以注射抗菌素的方法治療，這會給

> # 恢復期
>
> · 把病鳥立即送進暖和的地方，防止病情惡化。
> · 盡快請獸醫診治，並在發病的早期開始治療，注意要按照藥物說明書用藥。
> · 把食物和飲水放在最易取得的地方，如果需用水調製藥物，就不要提供綠色食品，因為這種食物會降低鳥飲水的慾望。
> · 小心的讓鳥重新適應外界氣候。

鳥帶來更多的痛苦，但藥物幾乎立即生效。

治療大型的軟嘴鳥，如非洲蕉鵑或鴿子，可以餵藥片，縛住鳥（第134頁）打開嘴，把藥片盡可能深放入口內，小心避免放入呼吸道，呼吸道開口在咽喉的前方。然後迅速閉上嘴，並握住牠一段時間，使鳥吞下藥片。在其咽喉下面向胸部方向輕敲也能幫助鳥加強吞咽反射。

醫用鳥籠 *有各種類型的設計，通常內部具有熱源，一個恆溫裝置和一個溫度計。鳥籠使用後清潔菌源很方便，也能很容易的調節熱量輸出。對於掉出鳥巢或者可能易被親鳥丟棄的幼鳥，這種類型的鳥籠可供給牠們額外的溫暖。*

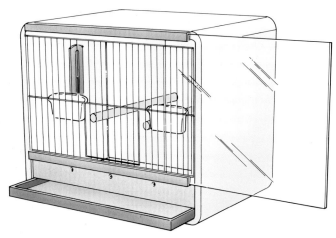

── ✦ 替鳥兒急救 ✦ ──

有些緊急情況可能不得不採取行動幫助危急中的鳥。例如牠的腳環可能被鳥籠內的網線絆住,這種情況不少,所以需要定期檢查網的狀況。如果自己曾被鳥舍內的網線絆住,表示鳥也可能遇到這種情況。

當你發現鳥被自己的腳環絆住時,盡可能不要驚動牠,用左手輕輕握住鳥仔細檢查,也許能簡單的把環從網線中解下來,或者必須剪掉網線放出鳥。這類問題最可能發生於虎皮鸚鵡中,但雀類和金絲雀也有可能被鳥舍絆住爪子。

存在室內的危險

如果室內的寵物鳥試圖飛越玻璃,就會遇到危險,因此應擋住窗戶。更有可能是被貓逮住,即使能成功的把鳥從貓爪中救出來,鳥一定也處於極度

鸚鵡的急救

如果鸚鵡舌頭流血,把明礬粉和冷水混成溶液,把鳥嘴浸入溶液中;如果傷處在其他容易處理的地方,可把棉球或衛生紙浸入溶液,再壓在流血的地方幾分鐘。手指壓在傷處也會止血,如果血流不能立即停止,或者流血過多,應立即與獸醫聯繫,進行專業護理,壓住傷口可阻止進一步失血。

驚恐的狀態,所以如果沒有必要,不要把鳥長時間握在手裡。如果鳥身上的皮膚被貓抓破,記得與獸醫聯繫,因為這種傷口可能形成全身感染,然後把鳥留在鳥籠裡,讓牠恢復鎮靜。

幼鳥

在幼鳥初次離開鳥巢時要小心看管,尤其是澳大利亞鸚鵡受到驚嚇時會緊張得到處亂飛,不顧鳥網的存在而且試圖高速飛過鳥網。

當事故發生時,除非飼主正在鳥舍內,否則發現時幾乎都已經太晚。鸚鵡幼鳥容易在夜間受到驚嚇,也許會被貓傷害,成群四處亂飛。到了早晨,可能就有一隻鳥昏昏的躺在地上,這時應仔細檢查翅膀的內側,如果牠被鳥網絆住,可能在此處有損傷,如果曾撞在網上,可能頭部有損傷。

把鳥小心的移到盒子或鳥籠內,裡面鋪紙巾,讓牠能舒適的休息,並放在安靜的地方。可以給牠喝一些水,但不要把液體放在敞口的容器中,因為鳥有可能被淹死。幾小時後,牠會表現得較活躍,表示牠可能已度過了危險期,並且會迅速恢復體力。幾天後或許還不能正常的飛行和棲息,但有希望表示沒有受到永久的損傷。

鳥也有可能發生翅骨和腿骨骨折(參考第213頁),形成殘疾,例如腿部骨折的骨幹會稍微變短;翅膀骨折常

嚴重的損害鳥的飛行能力，盡管如此，大多數個體適應能力良好，很快就能在鳥籠內四處爬行。

因淋濕受驚嚇

飼鳥人也許會偶然發現，在大雨中有一隻未成熟就離巢的幼鳥濕淋淋的站在鳥舍的地上，這時要馬上把牠帶到室內，用紙巾盡量擦乾牠身上的水。如果成鳥仍在巢中餵雛，最好把牠放回鳥巢中，與同窩的幼鳥待在一起。如果幼鳥實際上已經獨立，應把牠放在室內的鳥籠裡，如果讓牠們繼續在

鳥類急救用品

· 明礬粉或止血藥管，
用於阻止輕微的流血。
· 殺菌軟膏，用於治療小型傷口。
· 蘆薈粉用於防治啄羽癖。
· 大小適中的指甲刀，用於修剪鳥爪。
· 紙巾和乾淨的食品罐，
用於清洗弄髒的腳。
· 用於治療眼部輕微感染的眼藥膏。

地上發抖，可能會凍死。尤其是對寶石姬地鳩（*Geopelia cuneata*）的幼鳥及其近緣種類，在完全能夠飛行前常離開鳥巢；橫斑梅花雀幼鳥和其他雀類也非常脆弱，特別是當鳥把鳥巢築在露天的鳥舍中。

大量失血

鳥類偶爾流一兩滴血並不會致命，但若不加以止血則非常危險。如果一對鸚鵡棲息於相連的飛行場地中，之間沒有雙層網隔開，牠們有可能透過網互相攻擊，在繁殖季節最有可能發生這種情況。情侶鸚鵡和雞尾鸚鵡是最兇的襲擊者，爭鬥中如果鸚鵡的腳趾或舌頭被啄，可能引起嚴重的損傷。舌頭的血管豐富，因此會引起流血過多，可用止血藥管堵住撕破的趾甲裡的血流，但如果舌頭受到感染，可能需要醫生來照料。

跛腳

被髒的棲枝碰到的輕微皮膚損傷，會導致慢性病，而且可能使鳥變跛。腳趾或者腿部上面的關節腫起可能起因於細菌感染，在腳的下側可能發展成潰瘍，當鳥使用腿時會感覺疼痛。做外科手術療效較大。軟嘴鳥比其他鳥更易發生這種情況，應使棲枝盡可能保持乾淨。

名詞解釋

(依字首筆畫排序)

•人工育雛 Hand-raising(rearing)
由人工餵養尚不能獨立進食的雛鳥。

•不會飛的鳥Unflighted
飛羽和尾羽尚未脫換的鳥，金絲雀的幼鳥即為典型。

•外科鑑定性別法 Surgical sexing
用於判定大型雌雄同形鳥類性別的方法，這類鳥以 "S.S" 表示。

•平頭種Plainhead
用於形容沒有冠羽的鳥，該鳥在正常情況下應是具冠的。

•幼鳥Fledgling
剛離開巢，尚不能獨自進食的小鳥。

•白化種Albino
無任何色素的純白色鳥，眼睛為紅色。

•回交Backcross
以雛鳥與親鳥之一交配繁殖(見近親繁殖)。

•死胚Dead-in-the-shell
孵化失敗的雛鳥。

•羽毛團塊Feather lumps
常在金絲雀身上出現，由於羽毛缺乏正常發育的能力而引起，結果是鳥類身體的某一部分會顯得膨脹，通常見於鳥背上。

•羽軸Quill
羽毛中間的桿狀構造，尤指比較長的羽毛如尾羽等。

•伴性遺傳 Sex-linked genetic
決定某種性狀的基因位於性染色體上。

•卵難產Egg-binding
雌鳥由於卵滯留在體內造成堵塞，因而導致雌鳥產卵失敗。

•肛門Vent
泄殖腔的外部開口。

•泄殖腔Cloaca
排泄器官、消化道以及生殖管道的共同開口，構造猶如肛門。

•近親繁殖Inbreeding
讓親緣關係很近的兩個個體交配，如：母與子等，通常會出現一些奇特的性狀。

•品系選育Line-breeding
讓兩隻親緣關係接近，但沒有直接親緣關係的鳥交配。有直接親緣關係的母鳥和子鳥交配的方式稱為近親繁殖。

•型Type
鳥類的生理特徵，與顏色特徵所指不同，在參展鳥類中特別受到重視。

•封閉腳環Closed ring(band)
一種只有在雛鳥孵出後不久才能套上的腳環，為鳥齡和來源的可靠依據。

•染色體Chromosomes
存在於所有細胞核中的微小結構，通常是成對的。

•染色體鑑定性別法 Chromosomal sexing
一種用於判斷鳥類性別的方法，主要適用於雌雄外形相同的鳥類，這種鳥類性別鑑定法可縮寫成 "C.S"。

•砂囊；肌胃Gizzard
種子和其他食物在此由厚肌肉囊壁和砂礫磨碎。

•突變Mutation
在兩代之間出現無法預料的顏色或表現型。

•虹膜Lris
眼睛中央環繞瞳孔的區域，通具有鮮豔的色彩。虹膜可作為區別鸚鵡幼鳥的特徵。

•飛行場地；飛行籠Flight
以木框和鐵絲網或其他材料的構成的籠狀結構，用於養鳥。

•食果鳥Frugivore
以水果為食物的軟嘴鳥。

•食蜜鳥Nectivore
以花蜜為主食的鳥類。

•食穀鳥Seedeater
指以穀物及種子為主食的鳥類有時也用以概稱雀類。

•食蟲鳥Insectivore
主要以無脊椎動物為食的鳥類

•基因Genes
位於染色體上，直接影響個體表現型，可發生突變。

常染色體隱性突變 Autosmal recessive mutation
性染色體以外的任何染色體，隱性基因突然發生變化。

•理羽Preening
用喙梳理羽毛，這種行為是鳥健康的象徵。

•軟嘴鳥Softbill
不以種子為主要食物的鳥，包食果鳥、食蟲鳥和食蜜鳥。

•鳥舍Aviary
用於飼養鳥類的場所。

•鳥屋Birdroom
配備有飛行籠或鳥籠的場所，於在遮蓋物之下飼養鳥，有時

室内。

鳥屋Shelter
舍中四周被遮蔽物圍起來的
分。

純色Self
摻雜任何其他顏色。

冠形羽Cap
頂的一塊羽毛，特別用於
色金絲雀。

換羽Moult
毛脫落，被不斷長出的新羽
替代。大多數情況下，每年
羽一次。

絨羽Down
種蓬鬆柔軟的羽毛，有保暖的
用。

黃色Yellow
了指稱某種顏色以外，還用於
一種分離出來的羽毛，這種
毛比暗黃色，更爲柔和。

黑化Melanistic
毛上出現不正常的黑色區。常
鳥類身體狀況不良的跡象，
在有些自然變種中也可能
在，如某些吸蜜鸚鵡有正常鳥
黑化個體兩個品種。

黑斑Flecking
頭部出現一些多餘的深色斑，
要見於虎皮鸚鵡。

嗉囊Crop
於鳥頸的基部，是貯存食物的
官。

新生羽毛Pin feather
要生長在頭部周圍，尙在羽鞘
中的小羽毛。

米黃色Buff
粗糙的羽毛。

開環Split rings
常以賽璐珞製成，用於識別
何年齡的個體。如：十姐妹的

雄鳥在繁殖期的鳴聲與雌鳥
不同。

•飼鳥人Aviculturist
從事養鳥業的人。

•窩卵數Clutch
鳥類每窩所產卵的數目。

•雌雄同形Monomorphic
雌雄鳥的外表相似。

**•雌雄異形
Sexual dimorphism**
雌雄個體在外形上有差異。

•標準表Standard
合乎參展要求的鳥的特徵表，
其中爲每一個特徵都訂定了
標準。

•鞍形羽Saddle
位於鳥背中間的羽毛。

•養鳥迷Fancier
指飼養已馴化的鳥種的人，
常以參加展覽爲目的。

•選擇性飼養Fancy
爲了培養出較特別的特徵，
如某些特殊品種而進行的
選擇性繁殖。

•錢眼Bobhole
鳥進出的小孔，位於鳥舍與
飛行場地之間。

•餵食生色劑Colour-feeding
餵食含有色素的水或食物，以
人工方式來改善某些鳥類羽色
的方法。

•雜交金絲雀Mule
用金絲雀與英國雀雜交產生的
後代。

•雜合體Split
具有與實際表現型不同的隱性
遺傳性狀。在品名中，隱性性狀
寫在後面，中間以一斜線隔開，
如：綠色／藍色。

•雜色Pied
羽色深淺相混雜的鳥類。

•雜種Hybrid
兩隻親緣關係較近的雌雄鳥交配
產生的雛鳥，通常不能生育。

•雙倍黃色Double-buffing
用兩隻暗黃色的鳥交配，因爲
牠們的羽毛較粗糙，所以後代
的體型明顯較大，羽毛黏結成團
塊狀的危險性也加大。

•雛鳥Chick
尙不能離開親鳥而獨立生活的
小鳥。

•蠟膜Cere
位於鳥喙上方，鸚鵡的蠟膜通常
不被羽毛。蠟膜在顏色上的差異
可用於區分虎皮鸚鵡的性別。

•顯性性狀Dominant
導致顯示優勢特徵和顏色的遺傳
性狀。

•體重減輕Going light
體重下降至可見到胸骨的程度。
這種現象主要出現在七彩文鳥等
鳥類身上，而且常是由於疾病
所致。

中文索引

英文索引

旅遊書的目擊革命

揭開每個城市最深邃美麗的內在，
探訪每個文明最豐饒壯闊的心靈……就在「世界深度旅遊」

2000幅全彩插圖現場目擊指引
20萬字內文全方位解讀文化縱深

第一次，結合行前背景知識了解與現場實地指引的導遊手冊，現在終於問市。來自法國的「世界深度旅遊」掌中指南，讓您的旅遊行程，成為一場結合知性與感性的豐富之旅。

每本書平均四百餘頁的篇幅，安排了2000張彩圖以及20萬字以上的解說，全面介紹每一個城市或地區的自然、歷史、文學、藝術、建築，並有地毯式分區導遊、行程建議和求生指南，滿足要求完美的現代旅遊者。

直接目擊式的視覺編輯帶你在異域城邦探險，知識百科式的深度解說讓你親炙最撼動人心的古今文明。最豐富的內容幫助你做好行前規畫，最稱手的掌中開本成為你專屬的現場導遊，而精緻的圖文編排更是你回憶舊日之旅時，無比生動的資料寶庫。

 貓頭鷹出版社

旅行，從閱讀一座城市的藏寶圖開始……

自然環境開拓視野
從地質到氣象，從生物到景觀，精彩的博物誌記錄了每一個地方最重要的地理空間。
（▲本圖取自《倫敦》頁16,17）

文化縱深全面解讀
風土人情、語言藝術、歷史掌故、建築美學，所有屬於文化的精華，全部在書中圖解說明。
（▼本圖取自《阿姆斯特丹》頁68,69）

◆重拾對歷史地理的興味與激動
「世界深度旅遊」套書穿梭城市時空架構，大量運用當地生活化圖片的口描敘事方式，除了讓旅行者立即獲得文化的感動之外，對未出遊的人而言，也是一本了解城市所在地民族歷史、文化、藝術內容的絕佳教本與入門書，足以讓過去深為歷史地理試題所苦的人重拾對歷史地理的興味與激動。
（錄自中國時報開卷版一週好書榜）

◆只要尋找就會發現
用歐洲人的觀點策劃旅遊專書，讀者會強烈感受到其由文化層面縱剖一座城市的企圖及手法。由文化動線引出一座城市的各種生命力，不但一貫而且易「消化」。幾乎每頁頁邊都有「告示牌」式的小單元，能提供讀者知性的旅遊小常識，頗見編者巧思。「世界深度旅遊」的印刷、材質值得讚賞。
（錄自聯合報讀書人版）

每本書平均400-500頁 · 由40位以上專家執筆
包括2000幅全彩圖解 · 20萬字精彩導讀
30種以上行程設計 · 全部在義大利精印後空運來台

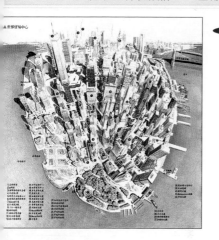

立體地圖現場指引

介區規畫徒步或開車的行程，讓你自由調配，隨
更看遍這獨特的景觀。身歷其境的立體地圖，讓你
永不迷路。

▲本圖取自《紐約》頁136,137）

◆尊重並喜愛自然萬物

「世界深度旅遊」系列最與眾不同的地方，就是
編入當地具代表性的自然地理，舉凡運河、公
園、森林、鄉間、荒地常見的花草鳥獸，都有圖
譜可供參考辨認。尊重並喜愛自然萬物，使城市
不只是充斥消費與拜金的大都會，讓旅行兼具修
養與休閒的雙重意義。

（錄自精湛雜誌，文／莊裕安）

實用資訊幫助你在市區求生

體貼照顧你在陌生環境的需求，從交通、食宿、
購物、求助到晚間休閒，地址、電話、價位和開
放時間全部列表。

（▼本圖取自《佛羅倫斯》頁344,345）

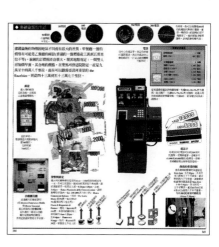

致謝

Author's Acknowledgements

I would like to thank the many enthusiasts whom I have met on my travels in both Britain and overseas, and those with whom I have corresponded about bird-keeping matters. I am also exceedingly grateful to Mrs Rita Hemsley for processing my manuscript on to disc, and the editorial and design team at Dorling Kindersley for their help and enthusiasm. My wife Jacqueline and daughters Isabel and Lucinda deserve special thanks for their patience and understanding during my endeavours.

Illustrators:

Colour artwork (page 25) provided by Sean Milne; genetics charts provided by Anthony Duke; all other artworks by Hardlines, Oxford.

Credits:

Ghalib Al-Nasser and Janice Foxton, George Anderdon, Bill Austin, Paul and June Bailey, Ron and Keith Baker, Eric Barlow, Fred Barnicoat, Christine Baxter, Tony and Jean Beard, Bob Beeson, Blean Bird Park, Trevor Bonneywell, Tony and Brigitte Bourne, Alan Brooker, Kevin Browning, Trevor and Maura Buckell, Jack Chitty, Frank Clark, Dulcie and Freddie Cooke, Databird Worldwide, Bill Dobbs and Jean Kozicka, Danny and Robert Dymond, Nick Elliston, Keith Garrett, Roger and James Green, Fred Hill and Dinah Hawker, Phil Holland, Bernard and Jean Howlett, Alan Jones and Sue Willis, Colin Jackson, Alec James, Ron James, Tim Kemp, Shirley and George Lawton, Maureen Loughlin, Gary McCarthy, Stanley Maughan, Albert and Monica Newsham, Mick and Jean O'Connell, Mike and Denise O'Neill, Joanne O'Neill, Peter Olney, Ron Oxley, Bill Painter, Andy and Audrey Perkins, Mick and Beryl Plose, Peter Rackley, Janet Ralph, Walter and Jenny Savoury, Bernard Sayers, Raymond Sawyer, Ken Shelton, Charlie and Jane Smith, Nigel Taboney, Patrick Taplin, Peter and Ann Thumwood, Joyce Venner, Keith Ward.

Dorling Kindersley would like to thank:

Southern Aviaries, The Mealworm Company, Zoology Museum at Cambridge University, and South Beech Veterinary Surgery. Judy Walker for copy editing, Jonathan Hilton for invaluable editorial assistance, Andrea Fair for support with the manuscript, Michael Allaby for compiling the index, Heather Dewhurst and Irene Lyford for proofreading the text, and Kevin Ryan for additional design assistance.

Picture Credits:

Ardea: Peter Steyn: 9 (top); Dennis Avon: 60 (bottom), 76 (top), 95 (top), 120; Cage and Aviary Birds Magazine: 189; J.E. Cooper: 213 (top); Simon Joshua, University of London: 166; Mary Evans Picture Library: 15 (bottom); Hulton Picture Co.; 10 (bottom); A.D. Malley, South Beech Veterinary Surgery: 207; Mansell Collection: 130 (top), 182; Photograph Collection Maurithius, The Hague, inv. no 605: 13 (top); Oxford Scientific Films: London Scientific Films: 165 (top); Bild-Archiv Okapia: 17 (bottom); Science Photo Library: David Scharf: 205 (bottom), CNRI: 209 (top); Schubot Exotic Bird Health Center, Texas A&M: David L. Graham: 211 (top): Mrs Mattie Williams: 130 (bottom).

國家圖書館出版品預行編目資料

養鳥／大衛‧阿德頓 (David Alderton) 著；丁長青，
　　李紅翻譯 . — 初版 . — 臺北縣新店市：
　　貓頭鷹，民85
　　面：　公分 . — (龍物飼養 DIY)
　　譯自：You & your pet bird
　　含索引
　　ISBN 957-8686-89-7 (精裝)
　　ISBN 957-8686-90-0 (平裝)

　　　1.鳥 － 飼養

437.79　　　　　　　　　　　　　85005870